L'astronomie

TOUT CE QU'ON SAIT | COMMENT ON LE SAIT

Direction d'ouvrage : Sylvia Dorance

Conception graphique : Pack 2 Agence éditoriale
Mise en page : Véronique Chabert d'Hières

ISBN : 2-7324-2831-0
Dépot légal : janvier 2006
Imprimé en Espagne sur les presses de l'imprimerie Artes Gráficas Tolèdo, à Tolède

L'astronomie

TOUT CE QU'ON SAIT **COMMENT ON LE SAIT**

Pierre Cruzalèbes
Michel Frœschlé
Patrick de Laverny
Yves Rabbia

Sylvia Dorance

illustré par Doan Metzger et Willis

De La Martinière
Jeunesse

Introduction

Depuis que nous avons commencé à rédiger cet ouvrage encyclopédique, le nombre de satellites connus de Jupiter a déjà augmenté : on en a découvert douze de plus !
Ce n'est pas grave : l'essentiel des informations de ce livre sera encore d'actualité dans dix ans.
Mais les connaissances astronomiques évoluent tout le temps. Voilà pourquoi les astronomes ont plutôt tendance à dire « nous pensons que » ou « aujourd'hui, il est admis que », plutôt que « nous avons la certitude absolue ».
Tout est si grand, si éloigné, si extraordinaire dans le Cosmos !
Quel sujet d'observation fascinant... et difficile.

Pour exposer les connaissances que nous possédons en ce début du XXIe siècle, nous avons donc fait un choix un peu différent de ce que l'on rencontre habituellement dans les livres d'astronomie : nous avons voulu présenter non seulement **l'essentiel de ce que l'on connaît** aujourd'hui, mais aussi **comment on sait tout cela**.

Pierre Cruzalèbes est astrophysicien, chargé de recherches CNRS à l'observatoire de la Côte-d'Azur.
Il étudie plus particulièrement l'imagerie à haute définition angulaire optique (mais oui !) des enveloppes de poussière des étoiles évoluées. Passionné d'astronomie depuis son enfance, il est président de l'association Provence Sciences Techniques Jeunesse.

Michel Frœschlé est astronome à l'observatoire de la Côte-d'Azur.
Quand on lui demande de préciser et de donner la liste de ses nombreuses compétences, il dit : « Je suis astronome » et il rigole.

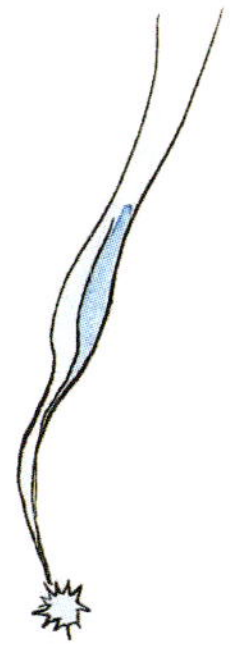

Par quelles découvertes successives est-on parvenu à mieux comprendre l'Univers ? Par quelles hypothèses audacieuses, par quelles expériences et par quelles mesures, par quels calculs faisant appel aux lois de la physique, par quelles méthodes scientifiques et par quelles techniques sophistiquées a-t-on enrichi notre savoir ?

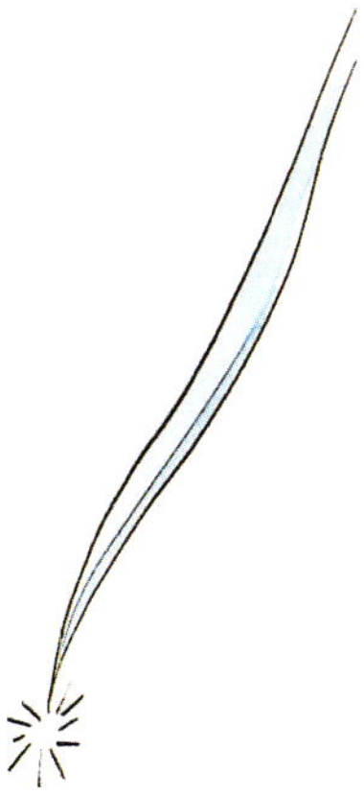

Ce faisant, nous avons aussi essayé de rendre très compréhensible une science pourtant complexe. Quand on explique simplement, pas à pas, on peut aborder les sujets les plus compliqués et tenter de les rendre accessibles à tous.

Voilà pourquoi ce livre est bien plus qu'une somme de connaissances : il présente le travail passionnant des astronomes et raconte comment ils appuient leurs recherches sur celles de leurs prédécesseurs, s'ajoutant ainsi à une longue chaîne de savants, professionnels et amateurs, depuis l'Antiquité.

Les auteurs

Patrick de Laverny est chercheur en astrophysique à l'observatoire de la Côte-d'Azur. Il se consacre à l'étude des étoiles évoluées et à leur rôle dans l'évolution de la Galaxie. Pour comprendre ce que cela signifie exactement… il faut lire ce livre !

Yves Rabbia est astronome à l'observatoire… Devinez lequel… celui de la Côte-d'Azur. Il étudie l'environnement stellaire. Il travaille également sur la recherche de planètes hors de notre système Solaire, sur l'instrumentation en lumière visible et en infrarouge et sur l'interférométrie. Il enseigne à l'Université de Nice-Sophia-Antipolis.

Sommaire

Une longue aventure à rebondissements :
telle est l'histoire de l'étude de l'Univers.
Chaque astronome, professionnel ou amateur éclairé,
s'appuie sur les connaissances de ses prédécesseurs
pour tenter d'aller plus loin.

L'histoire de l'astronomie

L'Homme dans l'Univers

Quel mystère que ce ciel, tour à tour noir ou clair, piqueté de lumières, rempli de nuages, pourvoyeur de pluie, d'éclairs, de grêle, de neige ! Il n'est pas étonnant que l'Homme en ait toujours eu peur, qu'il en ait fait le domaine des dieux et qu'il se soit posé mille questions en le scrutant avec des instruments de plus en plus perfectionnés.

Jupiter brandissant la foudre (statue étrusque du Ve siècle avant J.-C.).

Le Soleil et le temps

Chez les premiers agriculteurs, le besoin d'établir un calendrier qui commande les travaux des champs s'est imposé très tôt. Ils constatent de bonne heure le lien entre les variations de position du Soleil au cours de l'année et le cycle des saisons : à midi, l'hiver, le Soleil est bas sur l'horizon ; l'été, il est très élevé. Ils remarquent aussi que les étoiles qui se voient au coucher ou au lever du Soleil, ne sont pas les mêmes au cours de l'année.

Le temps et la Lune

Les premiers agriculteurs observent aussi la régularité du cycle de la Lune, qui passe, chaque mois de la nouvelle Lune, au premier quartier, puis à la pleine Lune, apportant des changements de temps qui ont une grande importance pour eux... Depuis 6 000 ans au moins, les peuples cultivateurs ont ainsi le Soleil, la Lune et les étoiles pour calendrier.

Le domaine de la peur et des dieux

Pour les peuples qui vivent de la terre, le ciel est bien inquiétant : il change sans cesse. Il s'y produit toujours des phénomènes étranges et violents, météorologiques ou astronomiques. Le tonnerre, les éclairs deviennent la manifestation de la colère des dieux. La nuit soudaine des éclipses engendre la peur. L'apparition d'une comète annonce une vengeance contre les hommes.

Un gigantesque laboratoire

Aujourd'hui, l'Homme, à force d'observations, de calculs et de recherches, a réussi à expliquer de nombreux phénomènes. Le mystère recule. Le ciel est devenu, pour les astrophysiciens, un fabuleux laboratoire. Il est très difficile d'obtenir dans des laboratoires terrestres des conditions aussi extrêmes que dans l'espace, permettant d'étudier les corps très très chauds ou très très froids, et pour observer les réactions de la matière. Or, chaque étoile est le siège de nombreuses réactions nucléaires difficilement reproductibles sur Terre. Le ciel est donc le plus beau laboratoire dont on puisse rêver.

La soif de comprendre

Mais nous sommes bien loin de tout connaître, et certaines explications de la science d'aujourd'hui seront contredites par les observations de demain. Les astronomes continuent inlassablement à observer l'espace. Des télescopes toujours plus grands et des appareils toujours plus perfectionnés pointent vers l'espace et rapportent des moissons d'informations nouvelles, à étudier et à comprendre.

Sommes-nous seuls ?

En découvrant le gigantisme de l'Univers et le fait que la Terre n'en est pas le centre, nous avons commencé à nous demander si nous étions les seuls à y vivre. La recherche de la vie dans l'espace est devenue un thème aussi sérieux que passionnant. Y a-t-il de la vie sur une autre planète de notre système solaire ou dans un autre système, et quelle forme prend-elle ?

Les sondes envoyées sur Mars ont prouvé depuis longtemps que les Martiens sont des inventions d'écrivains. Mais la vie prend peut-être d'autres formes.

ÉTONNANT !

Des pierres pour viser les astres

On s'est longtemps interrogé sur l'utilité des alignements de menhirs. L'une des interprétations possibles est liée aux changements de saisons. C'est pour repérer ces changements que les druides, les prêtres celtes, auraient fait disposer ces menhirs, alignés vers le point de l'horizon où le Soleil se lève au début de chaque nouvelle saison. On distingue ainsi l'alignement correspondant au lever du Soleil en été, celui de l'automne, etc.

Les « astronomes » d'Orient

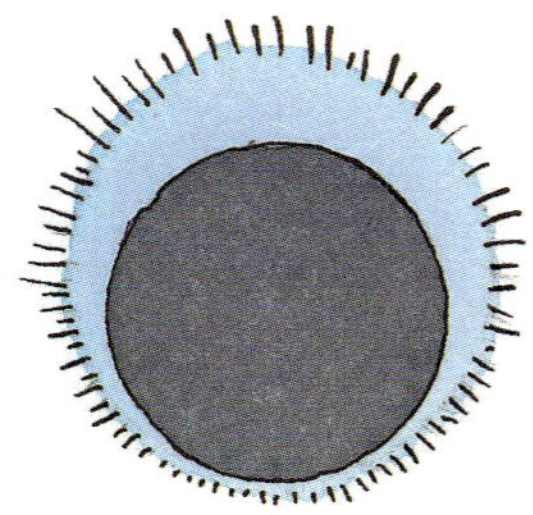

Plusieurs millénaires avant notre ère, de grandes civilisations se sont développées dans la vallée du Nil (civilisation égyptienne) et dans celles du Tigre et de l'Euphrate (civilisations sumérienne et babylonienne). Des savants tournaient déjà leurs yeux vers le ciel pour essayer de comprendre la marche des étoiles.

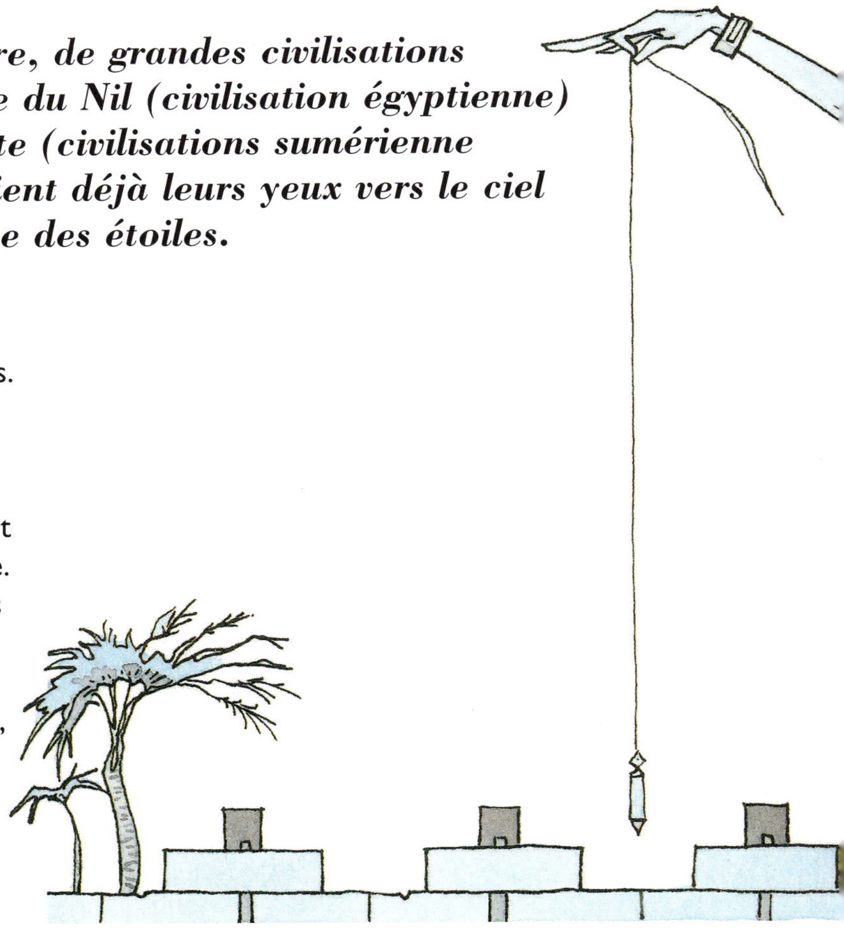

Les Égyptiens

L'astronomie égyptienne était au service des prêtres. Grâce aux astres, les « astronomes » devaient déterminer les périodes favorables et établir le calendrier des cérémonies des temples.
Dès le IIIe millénaire avant J.-C., les Égyptiens adoptent un calendrier solaire qui ressemble beaucoup au nôtre. L'année égyptienne compte déjà 365 jours : 12 mois de 30 jours, plus 5 jours. Les Égyptiens observent la marche des étoiles toute l'année. Notamment, ils guettent le lever de l'étoile Sothis (l'étoile Sirius), qui annonce les inondations du Nil. Ils donnent des noms à tout ce qu'ils observent dans le ciel : les planètes sont « les étoiles qui ne se reposent jamais », car elles ne sont pas fixes ; Vénus « l'étoile du matin », parce qu'elle apparaît très tôt.

Les Babyloniens

Ce sont des astrologues avant d'être des astronomes : ils cherchent à prévoir les « rendez-vous » des planètes avec les étoiles, car tout événement de ce genre est un signe heureux ou malheureux. Ces « astronomes-astrologues », qu'on appelle aussi les Chaldéens, établissent des tables des mouvements des astres. Ils sont capables de prévoir les éclipses de Soleil et de Lune. Ils fondent leur calendrier sur le mouvement de la Lune. Le mois commence avec l'apparition du nouveau croissant. Les 12 mois de l'année comptent tour à tour 29 ou 30 jours. Cela crée chaque année un décalage d'une dizaine de jours par rapport à l'année solaire. Pour compenser ce décalage lorsqu'il devient trop grand, ils ajoutent un mois complémentaire.

Tablette astrologique trouvée à Uruk (Mésopotamie).

Les astronomes de l'Antiquité disposaient d'instruments de mesure rudimentaires : ici, un simple pendule.

Les outils d'observation astronomique

C'est au moment de la conquête de l'Empire perse par Alexandre (en 331 av. J.-C.) que l'astronomie babylonienne atteint son apogée. Ses savants ont déjà découpé la zone du ciel parcourue par le Soleil (le zodiaque) en 12 tranches égales. On retrouve aujourd'hui ce découpage dans les signes du zodiaque des astrologues (Verseau, Poissons, Bélier, Taureau, etc.).
Pour leurs observations, ils utilisent deux instruments principaux. Le gnomon est un simple bâton planté dont on observe l'ombre sur le sol, comme pour un cadran solaire posé à plat. Le polos se présente comme un bol dont le centre est occupé par une petite bille.

ÉTONNANT !

Le gnomon : un instrument de l'Antiquité

Un gnomon est une sorte de cadran solaire à plat. Il permet de comparer les positions du Soleil au fil de la journée et au fil des saisons.
On commence par choisir une baguette bien droite ou une petite barre de métal que l'on plante solidement et verticalement dans le sol.
Autour, on nettoie une surface bien nette où l'on pourra tracer les différents relevés : 1er janvier à midi, 15 juin à midi, etc.
Pour éviter que la pluie efface les repères, on peut placer le gnomon sur une dalle de ciment et marquer les dates à la peinture.
Chaque fois, c'est le point extrême de l'ombre portée qu'il faut noter.

Les astronomes de la Grèce antique

C'est en Grèce, plusieurs siècles avant J.-C. que des hommes ont pour la première fois décrit la Terre et l'Univers sans les expliquer par une action des dieux. À cette époque, les astronomes étaient aussi des philosophes et des mathématiciens. Pour expliquer leur vision du monde, ils utilisaient la géométrie.

L'Univers est fait de globes emboîtés

À Athènes, au Ve siècle avant J.-C., le philosophe Platon se pose la question : « Comment représenter les mouvements réguliers des astres dans le ciel ? » L'astronome Eudoxe de Cnide, qui vit à la même époque, trouve une réponse : la Terre se trouve au centre d'une sphère à laquelle est suspendue la Lune. Une deuxième sphère englobe la première, puis une troisième, une quatrième, etc. Le Soleil et les planètes sont chacun accrochés sur une sphère différente. En tout, il y a 27 sphères concentriques.

L'Univers est un monde clos

Le savant Aristote, disciple de Platon, complète cette description. La Terre immobile occupe le centre de l'Univers. Autour d'elle, dans la sphère où est accrochée la Lune, tout se transforme et bouge. Au-delà de la Lune, dans les autres sphères, tout est immuable : c'est la ronde sans fin des planètes. La dernière sphère, où sont suspendues les étoiles fixes, englobe tout l'Univers. Au-delà : plus rien.

N'est-ce pas plutôt la Terre qui tourne ?

Moins d'un siècle plus tard, Archimède puis Aristarque de Samos pensent l'inverse : les étoiles et le Soleil restent immobiles et la Terre tourne autour du Soleil en décrivant un cercle. Le Soleil devient le centre de l'Univers et de la sphère des étoiles. Cette représentation de l'Univers n'eut aucun succès. On pensait que la Terre, le plus lourd des éléments, devait forcément se trouver au centre de tout. Comment croire que des étoiles faites de feu puissent rester immobiles pendant que la Terre pesante circulerait dans l'espace ?

Les précisions d'Hipparque

Le système des sphères emboîtées place les planètes toujours à la même distance de la Terre. Or, l'observation montre les planètes plus ou moins grosses selon la période où on les observe : c'est donc qu'elles se rapprochent ou s'éloignent de nous. Environ 150 ans avant J.-C., Hipparque de Nicée change de modèle mathématique pour rendre mieux compte des observations.

Le système de Ptolémée.

Il construit un système de mouvements circulaires et uniformes représentant la ronde des planètes par rapport aux étoiles. Il établit un catalogue de plus de 800 étoiles classées suivant leur éclat et découvre, en utilisant les observations babyloniennes, que l'axe autour duquel tourne la Terre n'est pas tout à fait fixe.

Le système de Ptolémée

Au début de l'ère chrétienne, Claude Ptolémée vit à Alexandrie, un foyer scientifique très réputé. Ce grand astronome perfectionne la théorie des planètes commencée par Hipparque. Il met au point une construction mathématique complexe composée de petits et de grands cercles, avec la Terre au centre. Ce système décrit la réalité observée avec encore plus de précision que le système d'Hipparque. Son œuvre principale, qui nous a été transmise par les Arabes sous le nom d'*Almageste*, explique sa théorie. Elle est si complète qu'aucun astronome n'essaiera de la contredire pendant quatorze siècles !

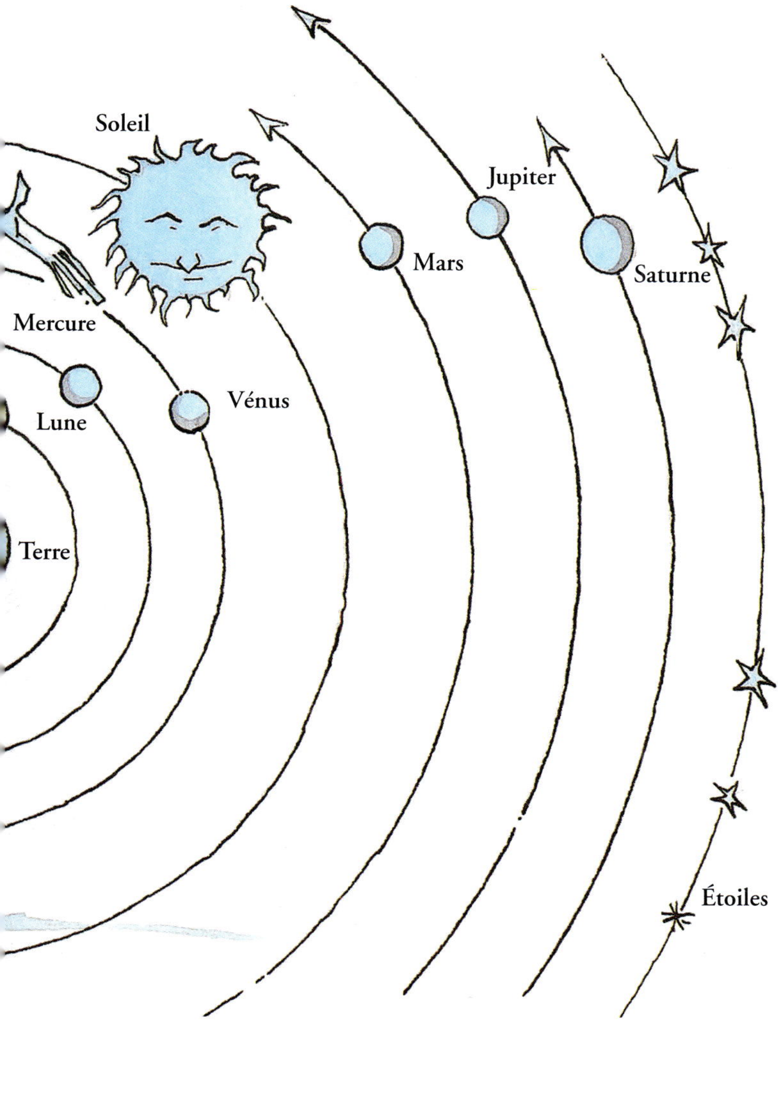

ÉTONNANT !

Un astrolabe du IXe siècle.

Une longue parenthèse

Après les travaux des Grecs, l'astronomie tombe en sommeil pendant des siècles avec l'invasion de l'Empire romain par les Barbares. Il faut attendre le VIIIe siècle pour que renaisse le goût de cette étude, grâce à la civilisation arabe.
Des observatoires voient le jour à Bagdad, à Damas et à Ispahan. Des savants achètent à prix d'or les manuscrits des astronomes grecs et indiens qu'ils traduisent, vérifient et corrigent si cela est nécessaire. L'*Almageste*, de Ptolémée, sera cinq fois traduite en arabe.
L'astronome syrien al-Battani (855-929) observe pendant plus de trente ans les étoiles et les planètes. Il utilise couramment un nouvel instrument : le tube d'observation. Ces tubes, sans lentilles aux extrémités, permettent de focaliser le regard sur une petite portion du ciel pour éviter les lumières parasites. Pour les savants arabes, l'étude de l'astronomie répond aussi à des besoins religieux pratiques : l'étude des astres permet de déterminer le mois du ramadan, les heures de prière, l'orientation vers La Mecque...
Les artisans construisent de nombreux instruments d'observation portatifs tels que les astrolabes, avec lesquels on peut situer précisément les étoiles.

La Terre est ronde

– La Terre est plate ! C'est un disque !
– Non, elle est ronde ! C'est une boule !
Ce grand débat nous fait sourire aujourd'hui. Mais il a fallu les hypothèses et les calculs incroyablement précis de grands mathématiciens pour parvenir à résoudre ce problème.

Toutes les formes possibles

En Grèce, environ 600 ans avant J.-C., plusieurs mathématiciens et philosophes s'opposent : pour Thalès, la Terre est un disque flottant sur l'eau, et le ciel une voûte qui limite le monde. Pour Anaximandre, la Terre a la forme d'un cylindre dont seule la partie supérieure est habitée. Le grand mathématicien Pythagore affirme, quant à lui, que la Terre est ronde. Parménide ajoute, un siècle plus tard, qu'elle se trouve au centre du monde.

Les preuves d'une Terre ronde

Le philosophe grec Aristote démontre enfin, 350 ans avant J.-C., que la Terre ne peut pas être plate. Ses arguments sont irréfutables. Il constate qu'un voyageur qui va du nord au sud découvre progressivement de nouvelles étoiles à l'horizon. Ensuite, il fait remarquer qu'en mer les mâts des navires lointains apparaissent avant leurs coques. Enfin, lors d'une éclipse de Lune, l'ombre portée de la Terre sur la Lune est circulaire.

La Terre selon Thalès.

La Terre selon Anaximandre.

Le navigateur nocturne aperçoit de nouvelles étoiles au fur et à mesure qu'il avance sur l'eau : cela prouve la courbure de la Terre.

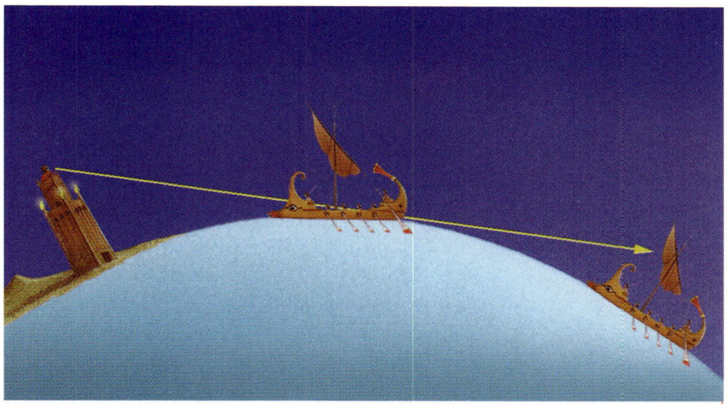

Du haut de sa tour, ce personnage aperçoit d'abord le haut du mât du navire qui s'avance, puis le navire entier. C'est dû au fait que la Terre est ronde.

Les dimensions de la Terre

Parallèlement au débat sur sa forme, les mathématiciens cherchent à établir les dimensions de la Terre.
Deux cents ans avant J.-C, Ératosthène donne une mesure de la circonférence de la Terre.
Son estimation était excellente et très proche de celle que l'on connaît aujourd'hui avec précision : 40 000 km.

La géographie de Ptolémée

La Terre est ronde mais les cartes dont on a besoin pour voyager sont plates. Hipparque, astronome grec du IIe siècle avant J.-C., établit les premières méthodes pour dessiner sur une surface plate toute la surface d'une boule. Environ trois siècles plus tard, Ptolémée, un autre savant grec, perfectionne cette technique : les pôles sont comme deux points d'où partent ces lignes courbes, les méridiens.
Dans son livre sur la géographie (le mot signifie « dessin de la Terre »), il dresse la carte générale de tous les itinéraires suivis par tous les voyageurs.
Mais ces cartes déforment toujours les continents.

ÉTONNANT !

Une preuve indiscutable

En 1961, le soviétique Youri Gagarine est le premier homme à voyager dans l'espace. Pour la première fois, un homme peut observer la Terre d'assez loin pour la voir entièrement. Il rapporte des photos : elle est bien ronde ! Bien sûr, il y a longtemps qu'on en était sûr. Mais c'est la première fois qu'on pouvait le voir.

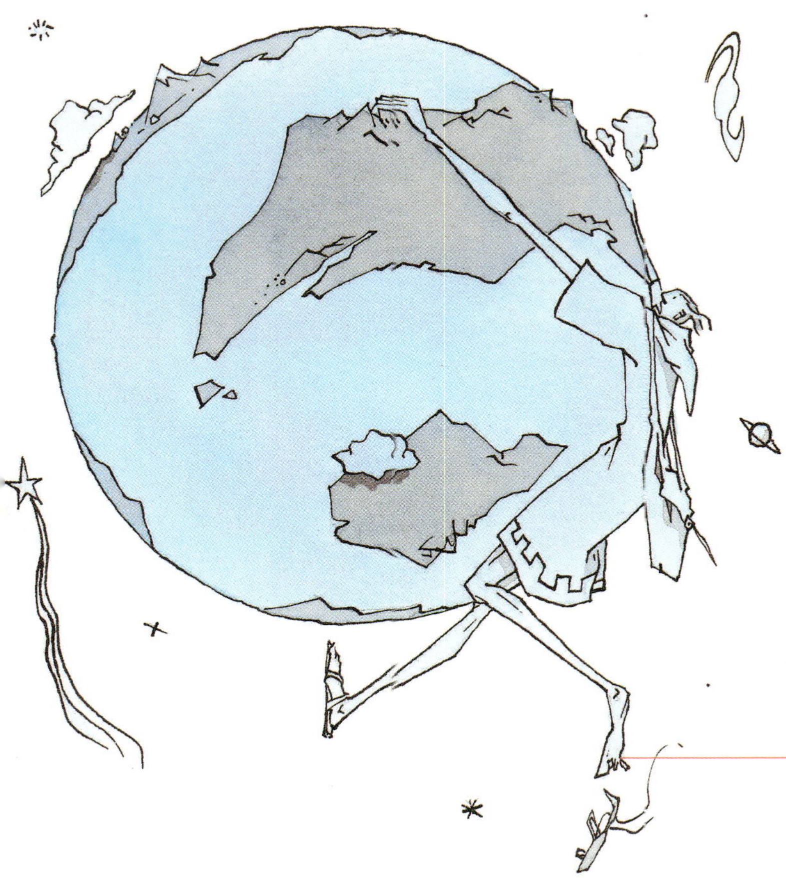

La Terre de Pythagore.

Copernic, Kepler et Galilée

Il y a à peine trois siècles et demi, on risquait encore sa vie si l'on affirmait que la Terre n'est pas le centre de l'Univers ! Aujourd'hui, cela paraît, bien sûr, étonnant, mais de grands savants ont dû défendre leurs idées avec courage pour faire avancer les connaissances des hommes.

La révolution copernicienne

Lorsque Copernic commence ses recherches, à la fin du XVe siècle, cela fait 1 400 ans que l'on utilise le système de Ptolémée pour décrire l'Univers. Copernic est certain que ce système, qui place la Terre au centre de l'Univers, est trop compliqué. Il est convaincu que, si l'on place le Soleil au centre, tout ce que l'on observe devient plus simple et plus logique. Il explique tous les mouvements observés dans le ciel par les mouvements de la Terre autour du Soleil et sur elle-même. Selon lui, toutes les planètes tournent autour du Soleil. Quelques dizaines d'années plus tard, Giordano Bruno va plus loin. Il imagine un Univers infini, composé d'un nombre illimité de Soleils autour desquels tournent des planètes. Cette audace de pensée qui contredit la Bible le fait condamner au bûcher le 17 février 1600.

Le monde selon Copernic.

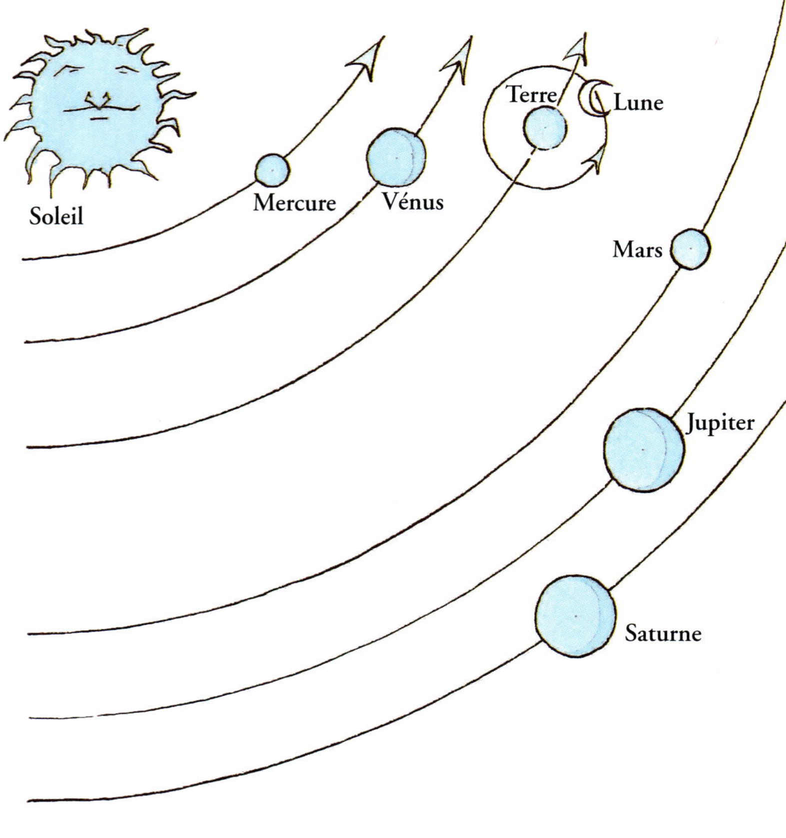

Kepler et le mouvement des planètes

À la fin du XVIe siècle, le Danois Tycho Brahe réalise des observations d'une grande précision, en particulier à propos de la planète Mars.
À sa mort, Kepler lui succède comme mathématicien impérial à Prague et hérite de ses très nombreuses observations. Avec beaucoup de soin, il étudie la trajectoire de la planète Mars et découvre que son orbite – son trajet autour du Soleil – n'est pas un cercle, comme l'affirme Ptolémée. C'est un ovale : une ellipse.
En 1609, dans son ouvrage *Astronomica Nova*, il énonce les deux premières lois du mouvement des planètes. Premièrement, elles se déplacent autour du Soleil sur des orbites elliptiques. Deuxièmement, elles se déplacent d'autant moins vite qu'elles sont plus éloignées du Soleil.

Galileo Galilei dit Galilée

En janvier 1610, muni d'une petite lunette de sa fabrication, Galilée regarde les astres. Il est le premier homme à voir les satellites de Jupiter et fait une quantité de nouvelles découvertes.
Il découvre de nombreuses étoiles qui échappent à l'œil nu. Il discerne les montagnes de la Lune. Deux de ses découvertes constituent des preuves de la théorie de Copernic. La découverte des satellites de Jupiter confirme que la Terre n'est pas au centre de tout. L'observation de la façon dont Vénus est éclairée, passant du croissant à la « pleine Vénus », comme la Lune, confirme le fait que cette planète tourne autour du Soleil.
En 1632, dans le *Dialogo (Dialogue sur les deux grands systèmes du monde)*, Galilée s'oppose fermement à l'Église en s'appuyant sur le système de Copernic. Son œuvre est condamnée en 1633, et il est forcé, lors d'un procès, à renier ses affirmations.

Le procès de Galilée s'est déroulé à Rome en avril et juin 1633.

Newton et Halley : l'attraction universelle

Kepler avait décrit le mouvement des planètes autour du Soleil. Il restait à expliquer pourquoi cela se passe ainsi ! Isaac Newton trouve la solution.

L'attraction universelle

En 1687, Isaac Newton énonce la loi qui va expliquer tous les mouvements des astres que l'on peut observer : tous les corps s'attirent entre eux selon une force qui dépend de leur masse et de la distance qui les sépare. « Tous les corps », cela veut dire « tout ce qui existe ». Voilà pourquoi on parle d'attraction universelle. La formule de Newton signifie aussi que plus la masse d'un corps est importante, plus l'attraction qu'il développe est forte. Voilà pourquoi c'est la Terre qui retient la Lune en orbite, et non l'inverse. De même, la Terre est retenue autour du Soleil... et la pomme tombe de l'arbre vers le sol : la pomme est attirée par la Terre. Enfin, la loi de Newton précise que plus on s'éloigne d'un corps, moins on ressent son attraction.

La confirmation par l'expérience

Cette loi mystérieuse qui donne aux corps le pouvoir d'attirer leurs voisins est d'abord rejetée par les physiciens de l'époque. Ils pensent, comme le physicien et philosophe Descartes, que l'action d'un corps sur un autre ne peut se faire que lorsqu'ils s'entrechoquent. Les expériences confirmant la loi de Newton vont se multiplier. Si les partisans de la physique de l'impulsion ont raison, la Terre doit avoir la forme d'un ballon de rugby allongé vers les pôles. Si ce sont les newtoniens, la Terre doit être aplatie aux pôles. On envoie des astronomes mesurer la Terre. Ils concluent que Newton a raison.

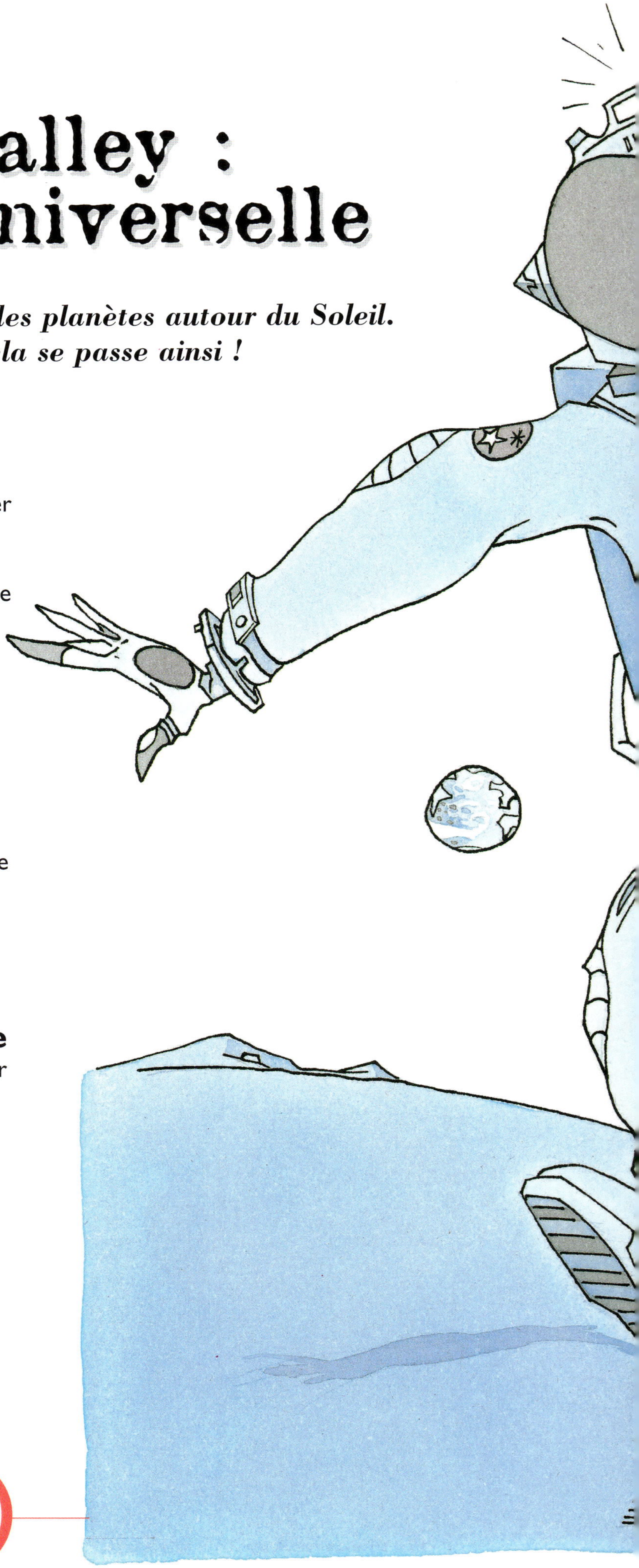

Sur Terre, cet astronaute ne pourrait pas faire de tels bonds, car la masse de la Terre étant plus importante que celle de la Lune, l'attraction terrestre est plus forte que l'attraction lunaire et nous retient donc plus fermement au sol.

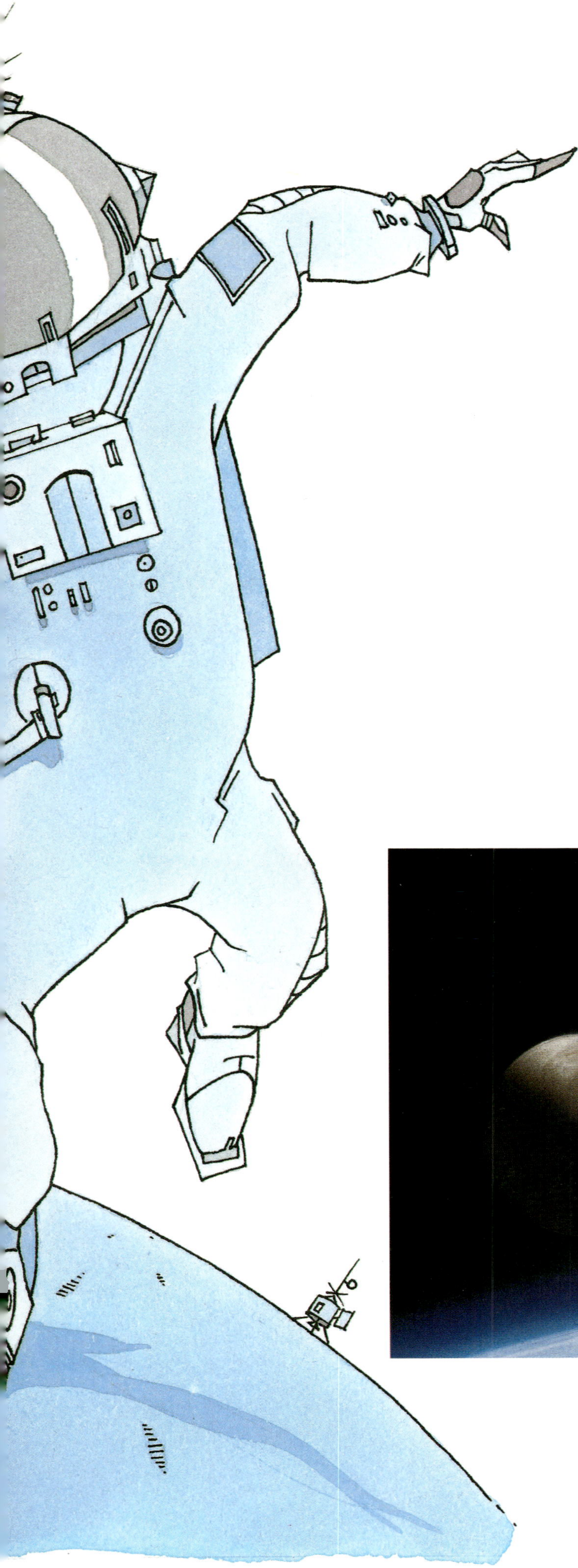

Encore une preuve

En 1682 une nouvelle comète apparaît dans le ciel. Edmond Halley calcule son orbite en utilisant la théorie de Newton. Il montre que les comètes comme les planètes tournent autour du Soleil. De plus, grâce à des témoignages écrits d'anciens astronomes, il reconnaît que cette comète est déjà passée au voisinage du Soleil en 1531 et en 1607. Il peut donc prédire l'année exacte de son retour. Mais ni lui ni Newton ne pourront bien sûr assister, en 1759, à ce retour qui fait triompher la théorie newtonienne.

De la lunette au télescope

Parallèlement à la découverte de la loi de l'attraction universelle, que l'on nomme aussi gravitation, les astronomes cherchent des instruments qui donneraient de meilleures images que les lunettes. En 1670, Newton construit un télescope qui utilise des miroirs finement polis au lieu des traditionnelles lentilles de verre. Ces nouveaux instruments permettront d'explorer le voisinage du Soleil.

L'attraction terrestre maintient la Lune en orbite autour de la Terre. L'attraction du Soleil retient toutes les planètes du Système solaire.

Herschel et Shapley : la découverte des galaxies

Après avoir prouvé que la Terre n'était pas le centre de l'Univers, les astronomes vont progressivement démontrer que notre Soleil, si énorme, si brûlant, si important pour notre vie, n'en est pas non plus le centre. Notre Soleil n'est qu'une petite étoile semblable à des milliards d'autres étoiles.

William Herschel et ses instruments

Dès 1778, Herschel construit son premier télescope et choisit de consacrer ses observations à des étoiles particulières : celles qui vont toujours par deux et que l'on appelle les étoiles doubles. À cette occasion, il découvre par hasard la septième planète de notre système solaire : Uranus. Dix ans plus tard, il achève la construction d'un télescope de dimensions uniques au monde pour l'époque : 12 m de long et 1, 20 m de diamètre. Muni de ses instruments puissants, il réalise un catalogue d'étoiles doubles. En mesurant fréquemment la distance entre les étoiles qui vont ainsi par paires, il découvre que souvent l'une des étoiles tourne autour de l'autre. Ainsi, il confirme que la théorie de la gravitation, énoncée au XVIIe siècle par Isaac Newton, méritait bien d'être qualifiée d'« universelle » : tous les corps y sont bien soumis.

Herschel observe les nébuleuses

Les nébuleuses sont des taches blanchâtres dans le ciel. Elles intriguent les astronomes. Sont-elles de vastes ensembles d'étoiles ou des nuages de gaz lumineux ? Sont-elles proches ou éloignées de nous ? En vingt ans d'observation, Herschel répertorie 2 500 de ces objets « flous ». Il constate qu'il en existe plusieurs sortes. Certaines nébuleuses, tachetées, pourraient contenir des étoiles. Sa théorie sera vérifiée plus tard.

La tache blanche environnée d'un halo était considérée comme une nébuleuse au temps de Herschel. On sait aujourd'hui qu'il s'agit d'une galaxie : c'est Andromède.

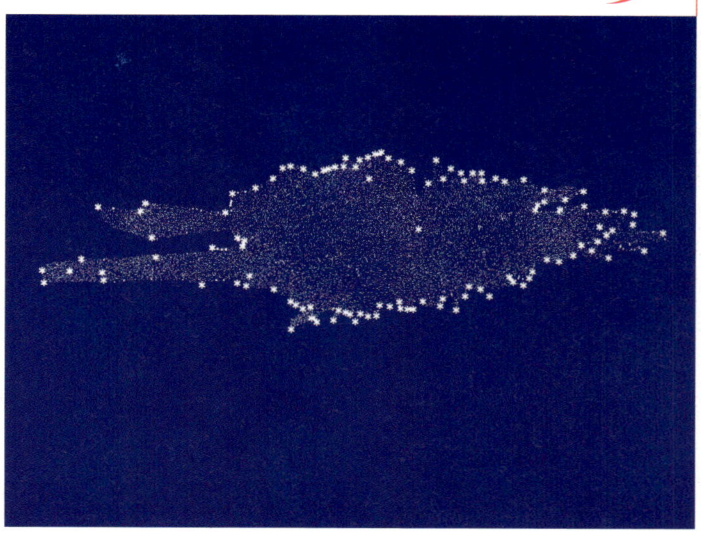

En comptant systématiquement les étoiles, Herschel parvient à dessiner la première carte de notre Galaxie.

Découverte de notre Galaxie

Herschel établit alors un lien avec la bande blanchâtre qui barre notre ciel nocturne, la Voie lactée. Il n'y a bientôt plus de doute pour lui : l'apparence laiteuse de la Voie lactée n'est due qu'à la présence d'un nombre prodigieux d'étoiles que notre œil ne distingue pas.

À partir d'un comptage systématique des étoiles, il dresse une première carte de la Voie lactée, notre Galaxie. Si cette carte est assez proche de la réalité, elle comporte cependant une grosse erreur : pour Herschel, le Soleil en occupe le centre. Cette représentation restera celle des astronomes jusqu'au début du XXe siècle.

Harlow Shapley « détrône » le Soleil

Un siècle et demi plus tard, Shapley étudie les amas globulaires : ce sont des groupements de plusieurs milliers d'étoiles qui sont « accrochés » à notre galaxie par la force de gravitation. Il étudie en particulier la répartition dans l'espace de ces amas globulaires par rapport au Soleil. Il établit la distance du Soleil aux amas et en dresse la carte en trois dimensions.

Il constate que ces groupements d'étoiles forment un gigantesque halo qui enrobe la Voie lactée.

Il est alors amené à conclure que le Soleil n'occupe pas le centre de la Galaxie.

Notre Galaxie est assez proche de la carte de Herschel.

Le satellite Cobe, en orbite autour de la Terre, a observé l'ensemble du ciel avec son télescope à infrarouge et a dressé cette « carte » où l'on distingue parfaitement le bulbe et le disque de notre Galaxie.

De Kant à Hubble : notre galaxie n'est pas unique

Jusqu'au début du XXe siècle, on pensait que tous les astres que l'on observait se trouvaient dans notre galaxie. On ne savait pas évaluer les grandes distances dans l'Univers.

L'hypothèse d'Emmanuel Kant

À la fin du XVIIIe siècle, le philosophe allemand Emmanuel Kant avait pourtant émis l'hypothèse qu'il pouvait exister d'autres galaxies que la nôtre. Il avait même supposé que les astres flous, observés régulièrement par les astronomes, et que l'on appelait alors « nuages » ou « nébuleuses », pourraient bien être ces autres galaxies. Mais, comme aucune preuve réelle n'existait alors, la question était restée en suspens.

Les observations de John Herschel

William Herschel et, au début du XIXe siècle, son fils John, intrigués par les fameuses nébuleuses, constituent un catalogue de plus de 5 000 d'entre elles… Mais il faudra attendre les observations de Lord Rosse pour réellement déterminer leur nature. Grâce à son très grand télescope, cet Irlandais découvre que certaines nébuleuses contiennent, en fait, des myriades d'étoiles et que certaines ont une structure en spirale.

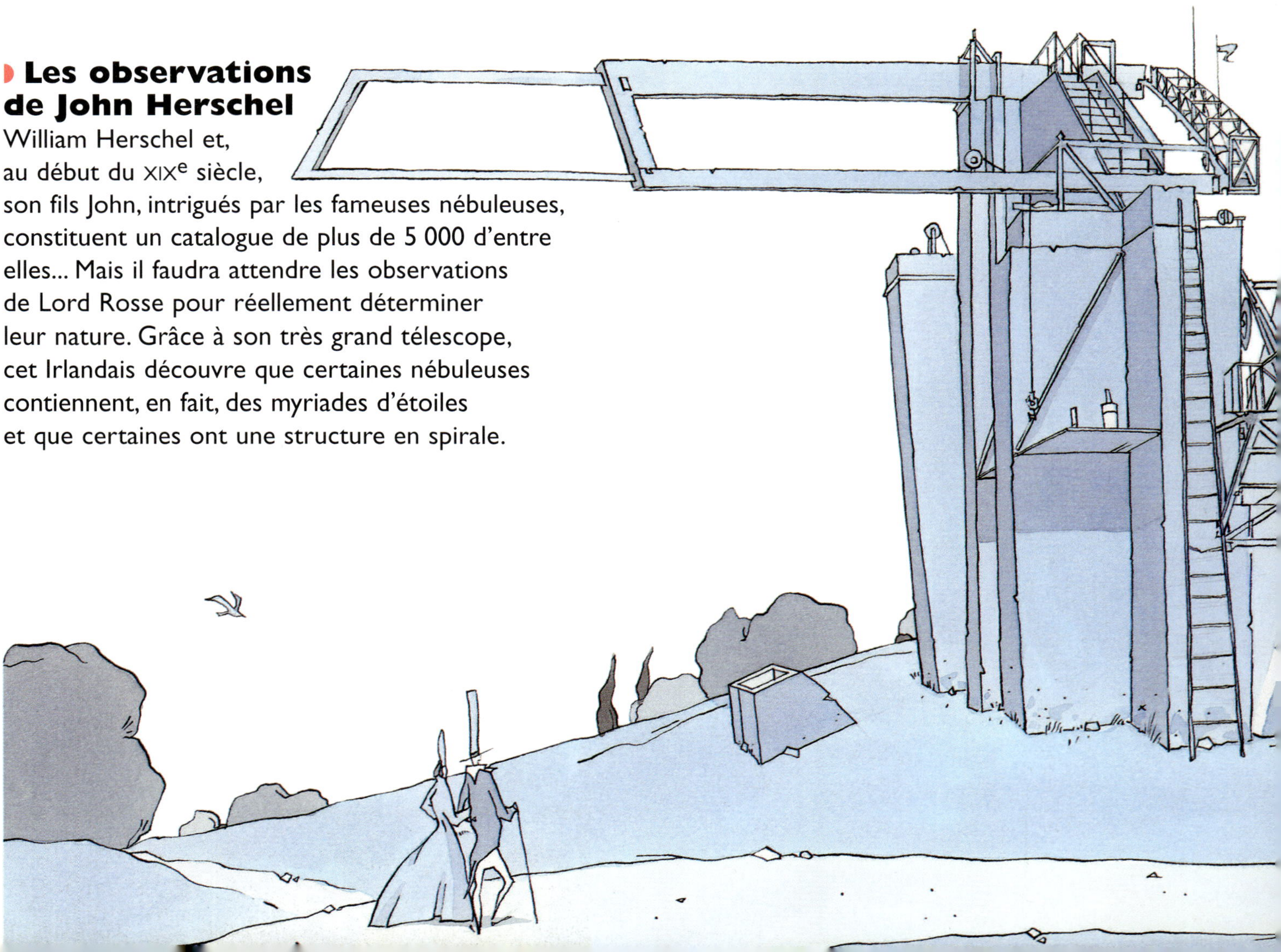

Le télescope de Lord Rosse, avec son diamètre de 1,83 m, était gigantesque pour son époque.

À une époque où il paraissait totalement incongru qu'une femme puisse faire des études scientifiques, Henrietta Leavitt fait faire un pas de géant à l'astronomie.

Henrietta Leavitt et la distance des nébuleuses

Une question restait encore sans réponse : certaines nébuleuses sont-elles bien des galaxies extérieures à la nôtre, comme le pensait Emmanuel Kant ? Pour sortir de l'impasse, il fallait mesurer leur distance par rapport à nous. C'est une femme astronome qui apporte la réponse, en 1908.
Grâce à ses observations et à ses calculs sur des étoiles particulières que l'on appelle les Céphéides, Henrietta Leavitt réussit à démontrer que certaines nébuleuses sont situées très loin de notre galaxie.

Edwin Powell Hubble et la fuite des galaxies

Dans la première moitié du XXe siècle, Hubble se sert d'un télescope de 2,5 m de diamètre pour ses observations. Il mesure la distance des galaxies par rapport à nous et leur vitesse d'éloignement. Il arrive à la conclusion suivante : les galaxies sont d'autant plus rapides qu'elles sont loin de nous. Aujourd'hui, la théorie le plus communément admise pour expliquer ce phénomène est que l'Univers se dilate comme un ballon que l'on gonfle : il est en expansion.

Ces deux galaxies satellites de la nôtre ont été vues pour la première fois par Magellan et ses compagnons au XVIe siècle. Leur nom de « nuages » vient du fait qu'à l'époque on pensait qu'il s'agissait de nébuleuses.

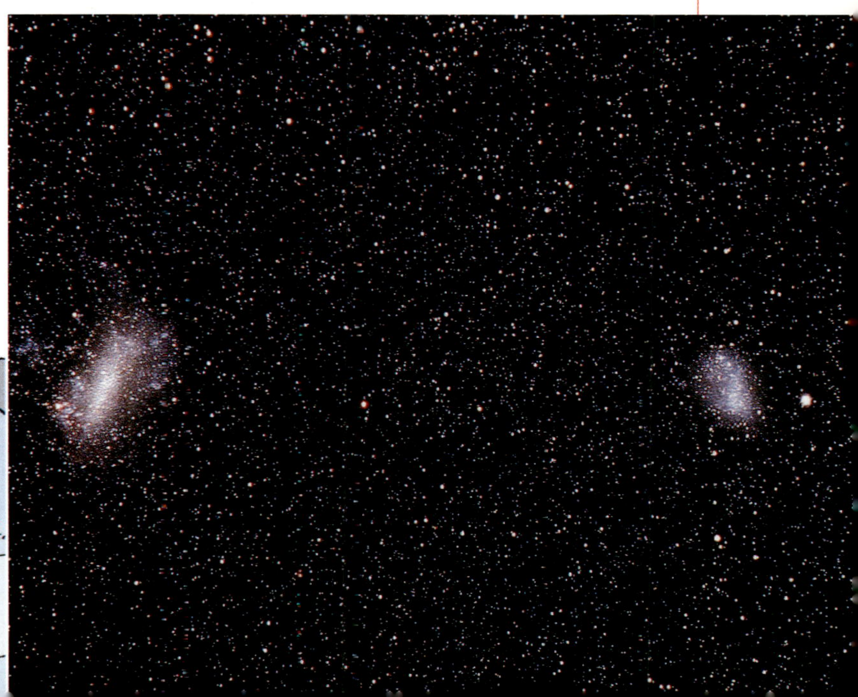

Einstein et la relativité générale

La loi de l'attraction universelle de Newton se heurtait à des faits observés qu'elle ne pouvait expliquer. Une nouvelle théorie devait être élaborée. En 1907, Einstein découvre la relativité générale.

La vitesse de la lumière est-elle infinie ?

Généralement, tout ce qui se déplace met un certain temps pour aller de son point de départ à son point d'arrivée. C'est vrai pour un objet lancé, pour un personnage qui marche et même pour des ondes, comme par exemple les ondes sonores : c'est pour cette raison que l'on entend toujours le tonnerre un peu après avoir vu l'éclair. Jusqu'à la fin du XVIIe siècle, on pensait que la lumière se comportait différemment. Tous les spécialistes étaient persuadés que la lumière se déplaçait instantanément, quelle que soit la distance à parcourir : on croyait que sa vitesse était infinie.

Olaus Römer calcule la vitesse de la lumière

Vers 1690, en étudiant les satellites de Jupiter, l'astronome Olaus Römer constate que la lumière met un certain temps pour venir de Jupiter jusqu'à lui. Il va même plus loin : il parvient à calculer la vitesse de la lumière de façon presque exacte. On sait aujourd'hui que cette vitesse est de 300 000 km/s.

L'expérience de Michelson et Morley

En 1887, deux physiciens américains, Albert Michelson et Edward Morley, apportent une contribution importante à la connaissance de la vitesse de la lumière. Ils découvrent que cette vitesse est toujours égale, même si celui qui regarde la lumière se déplace aussi. De nouveau, il s'agit d'une observation tout à fait étrange par rapport à ce que l'on croyait.

L'étrange comportement de la lumière

Pour comprendre cette découverte, il faut imaginer la situation suivante : un automobiliste roule à 100 km/h ; un piéton marche dans le même sens à 6 km/h. Si un train passe entre eux à 200 km/h, l'automobiliste le verra passer à 200 – 100 = 100 km/h et le piéton à 200 – 6 = 194 km/h.
Mais si c'est un rayon de lumière qui passe entre eux, ils le verront tous les deux à 300 000 km/s.
Or cet étrange comportement de la lumière ne peut pas être expliqué par la théorie de Newton.

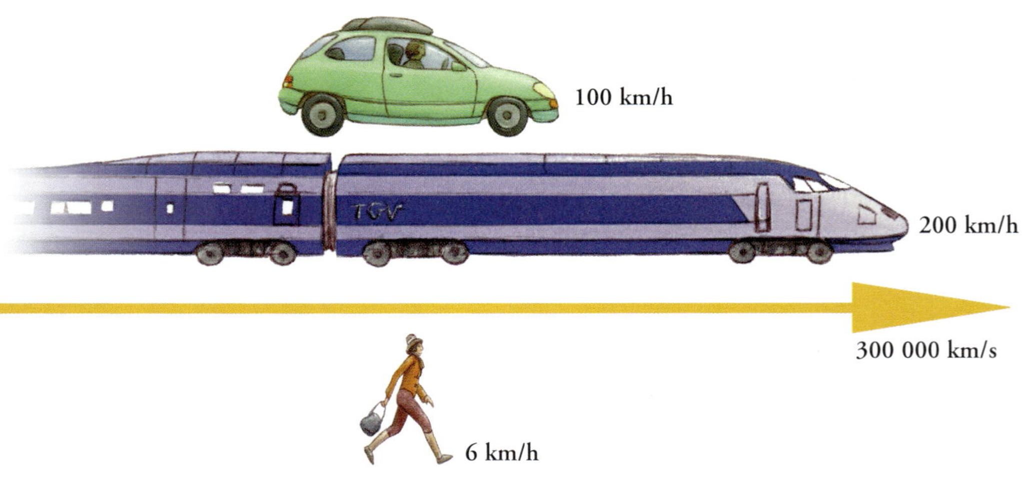

Pour comprendre l'expérience de Michelson et Morley.

Albert Einstein vers 1930.

Eddington trouve une preuve de la relativité

La théorie d'Einstein n'était encore qu'une supposition. On attendait des preuves. En 1919, l'astronome Arthur Eddington fait des observations sur la façon dont la lumière des étoiles nous parvient. Il veut en particulier observer les étoiles lorsque le Soleil se trouve entre elles et nous.

Cette observation est habituellement impossible à réaliser : le seul moment où le Soleil se trouve entre les étoiles et nous, c'est le jour. Or, les étoiles sont bien là pendant le jour, mais la lumière trop vive du Soleil nous empêche de les voir. Eddington attend donc une éclipse de Soleil. Il constate alors que la lumière venue des étoiles est déviée lorsqu'elle passe au voisinage de la masse du Soleil, comme si elle glissait sur les bords d'une cuvette.

C'est la preuve que le Soleil déforme l'espace. Les observations d'Eddington apportent une confirmation indiscutable de la théorie d'Einstein.

Selon la théorie de la relativité, tous les astres déforment l'espace dans lequel ils se trouvent.

Einstein et la relativité générale

Pour tenir compte des nouvelles observations, Albert Einstein imagine une représentation géométrique de l'Univers complètement révolutionnaire : c'est la théorie de la relativité générale. En réalité, cette théorie explique les mouvements que l'on constate dans l'Univers par le fait que tous les corps (étoiles, planètes, galaxies...) déforment l'espace qui les entoure. Ces déformations obligent les autres corps célestes à suivre des trajectoires particulières légèrement différentes des orbites calculées par Newton.

Naissance et expansion de l'Univers

Selon la théorie le plus généralement admise aujourd'hui, toutes les galaxies de l'Univers s'éloignent les unes des autres, encore portées par l'énorme souffle d'une gigantesque explosion : le Big Bang.

Friedmann : l'Univers en mouvement

Jusqu'en 1922, on pensait que l'Univers était immuable et que les étoiles et les galaxies occupaient toujours la même place. Le mathématicien russe Aleksandr Friedmann fut le premier à émettre l'idée que les galaxies sont en mouvement et qu'elles se déplacent dans l'espace au cours du temps.

Tout commence par le Big Bang

En partant de la théorie de la relativié énoncée par Einstein et des observations de Hubble sur la fuite des galaxies, Georges Lemaître émet, en 1927, l'hypothèse d'une gigantesque explosion primitive : le Big Bang. Selon lui, si les galaxies s'éloignent les unes des autres, c'est que, au départ, toute la matière était concentrée en un point où eut lieu l'explosion. Mais quand ce Big Bang a-t-il eu lieu ? On pense que cela s'est passé il y a 10 ou 15 milliards d'années. La plus grande force de la théorie du Big Bang est que beaucoup des observations faites par les astronomes et les physiciens peuvent être expliquées par cette théorie.

La lumière de l'explosion

Si cette théorie est vraie, l'Univers, à ses débuts, devait ressembler à une « bouillie » de matière et de rayonnement très chaud. En 1965, les radioastronomes Arno Penzias et Robert Wilson détectent par le plus grand des hasards, au cours

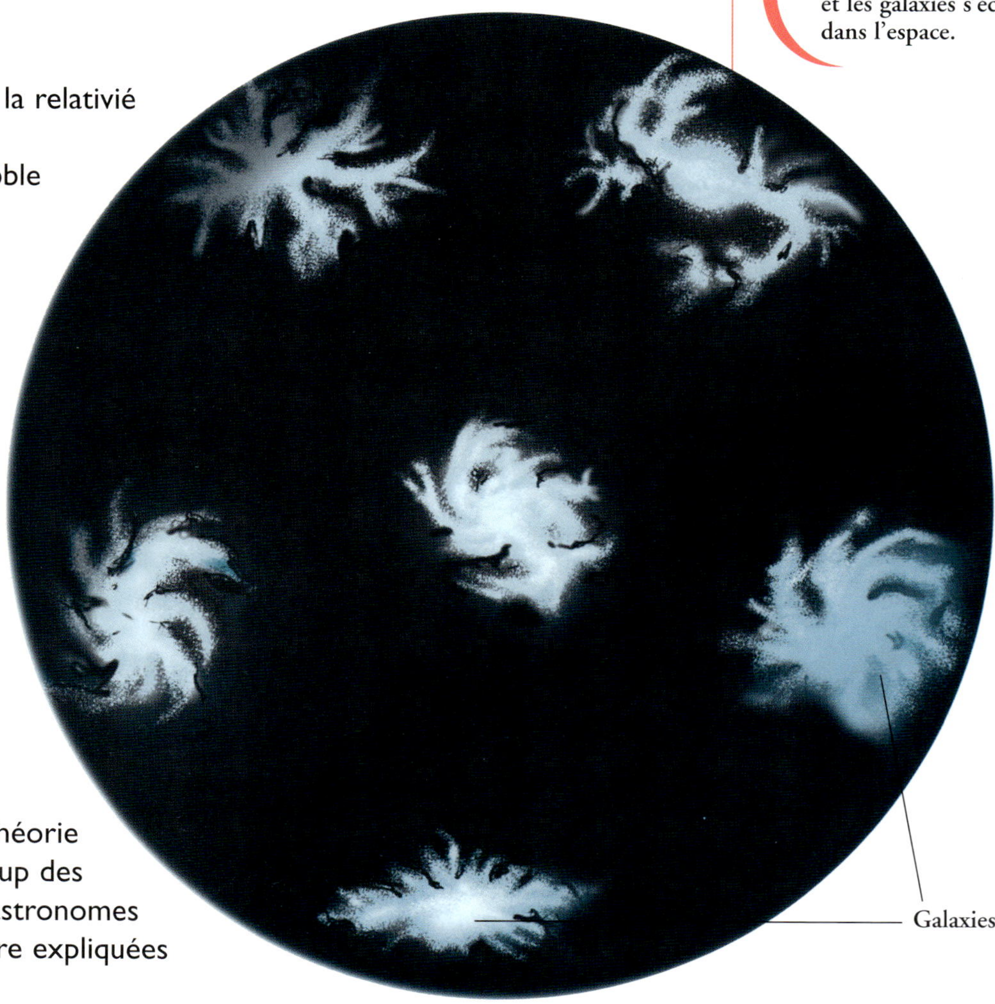

Première hypothèse : l'Univers continue à enfler et les galaxies s'écartent dans l'espace.

de leurs observations, un rayonnement qui ne peut provenir d'aucun objet du ciel. Ils viennent de découvrir le premier rayonnement qui a rempli tout l'espace après l'explosion primitive. Leurs observations seront confirmées plus tard par les photos prises par le satellite Cobe, lancé en 1989. La preuve du Big Bang est établie.

Que va devenir l'Univers ?

Les astronomes se demandent aujourd'hui comment va se poursuivre l'évolution de l'Univers. Va-t-il continuer son expansion : les galaxies vont-elles s'écarter indéfiniment ? Ou ce mouvement ralentira-t-il progressivement et l'Univers se contractera-t-il ? Pour connaître la réponse, il faudrait connaître la quantité totale de matière que contient l'Univers. Or, nous sommes d'autant plus loin du compte qu'il existe dans l'Univers une part importante de matière invisible. Les calculs des astronomes nous donnent la certitude que cette matière existe, mais nos moyens techniques ne nous permettent pas de la percevoir : on l'appelle la matière noire.

ÉTONNANT !

Le mystère de la matière noire

Cette grande zone rose au milieu d'une myriade d'étoiles est un nuage de gaz. Resté longtemps invisible pour les appareils traditionnels, il est apparu un jour dans l'objectif d'un télescope à rayons X. Les astronomes ont acquis la certitude qu'il existe ainsi dans l'Univers une grande quantité de matière encore invisible pour nous. On l'appelle la matière noire ou matière sombre.

Seconde hypothèse : le mouvement des galaxies ralentit. L'Univers se contracte de nouveau... pour aboutir à un nouveau Big Bang ?

L'Univers que l'on connaît aujourd'hui

On sait depuis Copernic (XVIe siècle) que notre Terre n'est pas le centre de l'Univers. Des observations astronomiques de plus en plus précises nous ont aussi appris que l'Univers est organisé en structures imbriquées les unes dans les autres sans que l'on en connaisse les limites. Ainsi, notre Terre se trouve dans le Système solaire, qui est dans la Galaxie, qui fait partie d'un amas de galaxies, etc.

Notre Terre se trouve dans le Système solaire

La Terre tourne autour du Soleil en un an, à une distance de 149 millions de kilomètres environ. Huit autres planètes principales, leurs satellites, des comètes, des astéroïdes, les poussières et le gaz interplanétaires tournent également autour du Soleil. Ces objets de l'espace, retenus autour du Soleil, constituent le Système solaire. S'il faut 8 minutes à la lumière du Soleil pour atteindre la Terre, il lui faut plus de 5 heures pour rejoindre Pluton, la planète la plus éloignée, et près d'une année et demie pour toucher les limites de la zone d'influence du Soleil.

Toutes les taches lumineuses sont des galaxies, photographiées par le télescope spatial Hubble. La zone noire est présente sur toutes les photos prises par Hubble car l'un de ses capteurs ne fonctionne pas.

La Terre dans le Système solaire.

Le Système solaire se trouve dans la Galaxie

Il y a des milliards d'autres étoiles dans notre Galaxie et sans doute d'autres systèmes avec des planètes, comme notre Système solaire. Toutes ces étoiles et tous ces systèmes tournent autour du centre de la Galaxie, comme la Terre autour du Soleil et comme une toupie autour de son axe.
La Galaxie est ainsi une énorme galette d'étoiles, de planètes, de poussière et de gaz qui tourne sur elle-même. Son diamètre est de 100 000 années-lumière et son épaisseur au centre atteint 20 000 années-lumière.

Notre Galaxie dans un amas de galaxies

Montrant une grande diversité de formes (spirale, ellipse, lentille, etc.) et de luminosité, les galaxies sont souvent regroupées par paires, d'où de fréquentes rencontres entraînant des déformations spectaculaires.
À plus grande échelle, elles se rassemblent en amas (des groupes de milliers de galaxies) qui font eux-mêmes partie de superamas. Autour, c'est presque partout le vide, à l'exception de gigantesques bandes de poussière et de gaz, comme des ponts entre les superamas.

Les superamas dans l'Univers visible

Il y a sans doute des milliards de superamas. Mais nous ne sommes pas capables de voir dans quelle structure encore plus gigantesque ils sont contenus. Les objets les plus lointains que l'on puisse détecter avec les instruments d'aujourd'hui sont les quasars, des galaxies extrêmement lointaines. Leur lumière a mis des milliards d'années à nous parvenir.
Ce que nous voyons aujourd'hui a forcément changé depuis et n'existe plus sous cette forme-là.
En astronomie, quand on regarde loin, on ne voit pas le présent, mais le passé. Il nous est donc impossible aujourd'hui de savoir ce qui « contient » les superamas de galaxies.

ÉTONNANT !

Voyage à la vitesse de la lumière

En partant de la Terre, et en voyageant à la vitesse de la lumière (300 000 km/s, environ 4 millions de fois plus vite qu'un TGV !), on atteindrait la Lune en une seconde, Jupiter en trois quarts d'heure, Saturne en une heure et demie.
En cinq heures, on dépasserait Pluton, la planète la plus lointaine du Système solaire.
Ensuite, on ne rencontrerait plus rien pendant plusieurs années.
Enfin, nous croiserions une étoile et il faudrait entre 2 000 et 3 000 ans (toujours à la vitesse de la lumière !) pour atteindre le bord de notre Galaxie.
Et ce n'est qu'au bout de plusieurs millions d'années que nous rejoindrions une autre galaxie...

La Lune se glisse devant le Soleil. Quelques secondes de magie dans l'imperturbable manège du Système solaire. Ainsi se poursuit le voyage incessant des planètes et de leurs satellites autour de notre étoile. Tout a commencé il y a 15 milliards d'années.

Le Système solaire

Le Système solaire

La Terre n'est pas la seule à tourner autour du Soleil : huit autres planètes et un grand nombre de cailloux plus ou moins gros nous accompagnent dans ce ballet incessant.

Les vagabondes du ciel

Regardons très attentivement le ciel chaque soir à la même heure. D'une nuit à l'autre, nous reconnaîtrons les mêmes étoiles presque au même endroit. Mais nous remarquerons aussi que certains astres, qui scintillent bien moins que les étoiles, ne restent pas de façon immuable à la même place. Ce sont les planètes : il y en a neuf autour du Soleil.

Le Système solaire.

Captives du Soleil

Toutes ces planètes sont en orbite autour du Soleil à cause de la force d'attraction de celui-ci : il se comporte un peu comme un aimant empêchant les planètes de s'échapper. De la même façon, les satellites lancés par les hommes restent en orbite autour de la Terre grâce à l'attraction terrestre. Cet ensemble d'une étoile – le Soleil – et de ses planètes captives (dont les éléments dépendent les uns des autres) s'appelle le Système solaire.

Photo de famille

De la plus proche du Soleil à la plus éloignée viennent d'abord quatre petites planètes rocheuses : Mercure, Vénus, la Terre et Mars. Leur surface est solide et, sauf pour Mercure, une atmosphère légère les enveloppe. Au-delà de l'orbite de Mars règnent les quatre planètes géantes : Jupiter, Saturne, Uranus et Neptune, composées essentiellement de gaz et entourées d'un cortège de satellites et d'anneaux. Entre Mars et Jupiter et au-delà de l'orbite de Neptune, des milliers de petits blocs de roche et de glace flottent dans l'espace. Il s'agit des restes de la formation du Système solaire.
Pluton, la planète la plus lointaine, est deux fois plus petite que la Terre.

Un système en forme de disque

Toutes les planètes tournent autour du Soleil dans le même sens sur des orbites légèrement ovales, que l'on appelle des ellipses. Plus les planètes sont proches du Soleil, plus elles tournent vite. La Terre met une année, soit 365 jours, à « boucler » son tour. Mercure n'a besoin que de trois mois, tandis que Pluton met presque 250 ans.
Vues de la Terre, toutes les planètes se déplacent dans la même zone du ciel. Elles tournent ainsi toutes quasiment dans le même plan appelé plan de l'Écliptique (seule Pluton s'en éloigne très légèrement).

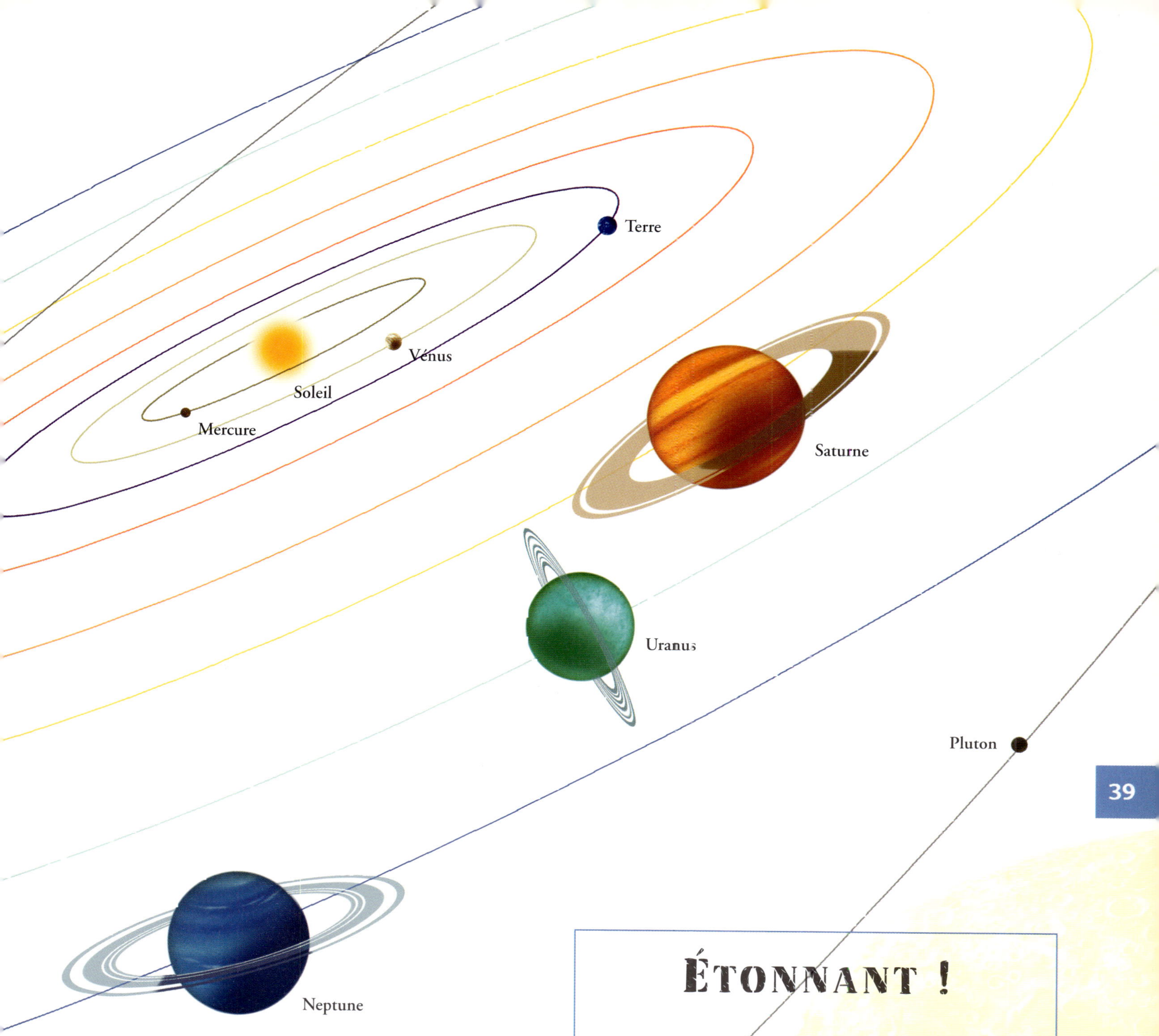

De la Terre au Soleil

Sur la Terre, on se sert du kilomètre pour mesurer les distances. Dans le Système solaire, c'est la distance de la Terre au Soleil qui nous sert d'unité. On la nomme l'Unité astronomique. Elle vaut environ 150 millions de kilomètres. Ainsi, dire que Pluton se trouve à 40 Unités astronomiques du Soleil, c'est dire qu'il en est 40 fois plus éloigné que la Terre.

ÉTONNANT !

La Terre est une cerise

Si le Soleil était une grosse boule de 1,50 m dans laquelle un enfant de 10 ans pourrait tenir debout, les planètes ne seraient pas plus grosses que des fruits :
Jupiter ressemblerait à un melon (15 cm),
Saturne à un pamplemousse (13 cm),
Uranus et Neptune à deux abricots (5,5 cm),
la Terre et Vénus à deux petites cerises (1,3 cm),
Mars et Mercure à deux groseilles
(7 mm et 5 mm respectivement)...
Quant à Pluton, on la verrait à peine plus qu'un pépin de raisin (2,5 mm) !

La formation du Système solaire

Issus du même nuage de gaz, le Soleil et les planètes du Système solaire se sont formés en même temps. Il y a 4,5 milliards d'années.

Le nuage primitif

Dans la Galaxie, des étoiles naissent, vivent et meurent. Durant leur vie, elles produisent de la matière, telles de gigantesques usines atomiques. En vieillissant, elles rejettent cette matière autour d'elles, formant des nuages de gaz. Parfois, ces grands nuages, à force de s'enrichir de la poussière et du gaz rejetés par les étoiles, atteignent une masse énorme et s'effondrent sur eux-mêmes. Ils se contractent et amorcent un lent mouvement de rotation, en prenant progressivement la forme d'un disque : c'est le nuage primitif.

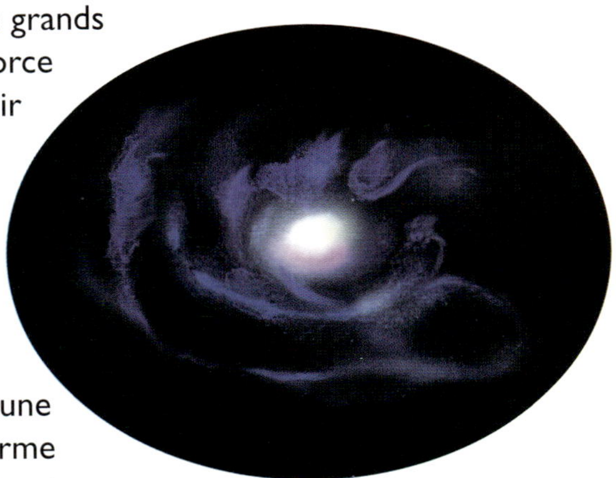

La nébuleuse primitive est une soupe d'atomes !

L'allumage du Soleil

Au cœur de ce nuage, qu'on appelle aussi une nébuleuse, l'effondrement s'accélère. La quasi-totalité du gaz se retrouve comprimée au centre. Pression et température augmentent de façon phénoménale.

Dans de telles circonstances, des réactions nucléaires se déclenchent. Le cœur de la nébuleuse devient une formidable usine nucléaire naturelle et s'allume en une étoile éblouissante.

C'est ce qu'il se passe pour toutes les étoiles. C'est ainsi qu'est né notre Soleil.

La naissance des planètes

Que devient le reste du nuage ? Des boules de poussière et de gaz se sont formées au hasard des chocs et des mouvements, comme des grumeaux dans une soupe. Elles tournent autour du centre de la nébuleuse, en attirant à elles, au passage, la matière qu'elles croisent : elles donneront naissance à des planètes. Les restes de matière non capturée sont repoussés vers l'extérieur de la nébuleuse par le rayonnement du Soleil.

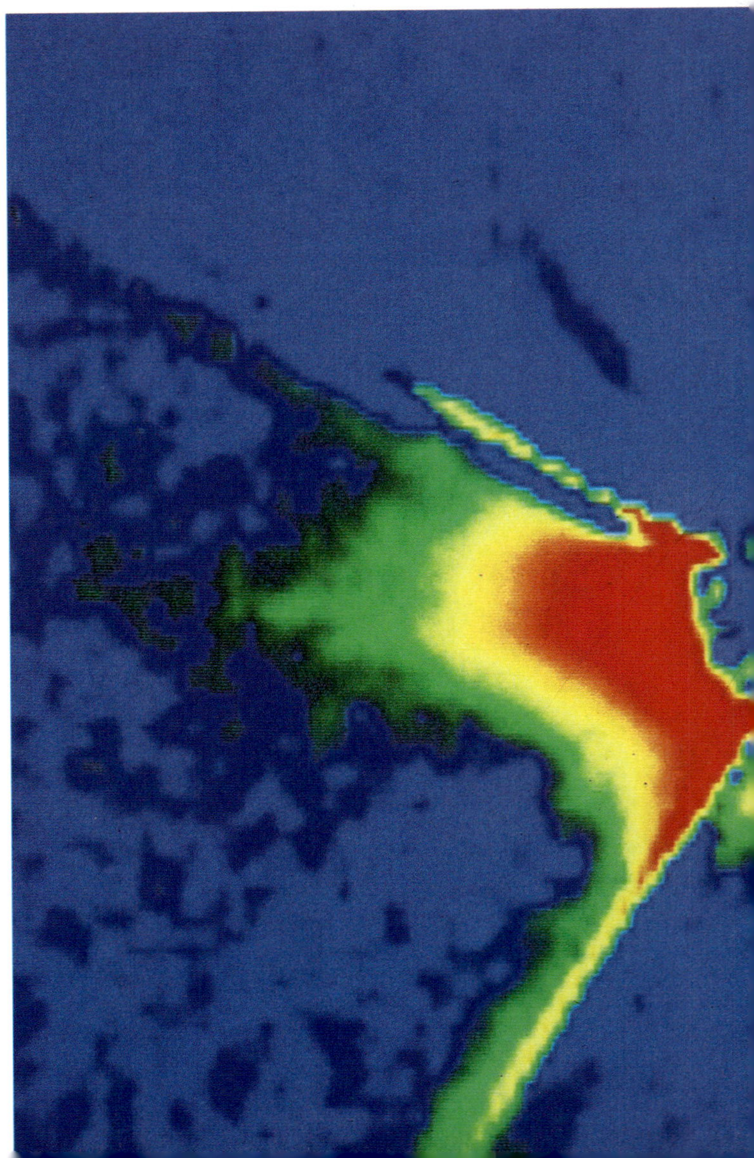

Les planètes : des étoiles manquées

Un système solaire est né. Le tout jeune soleil éclaire de ses feux les grumeaux qui tournent autour de lui. Ces grumeaux se contractent à leur tour en tournant sur eux-mêmes. Si la masse de l'un d'eux est suffisante, les atomes de son centre commenceront à fusionner, faisant naître une nouvelle étoile. Mais si le grumeau n'a pas pu accumuler suffisamment de matière, les réactions nucléaires ne peuvent s'amorcer. Il donne alors naissance à une planète, condamnée à tourner autour de son soleil en se refroidissant lentement. C'est ce qu'il s'est passé pour la Terre et les huit autres planètes du Système solaire.

Beta Pictoris est la première étoile autour de laquelle on a observé un nuage du type de celui qui existait autour de notre Soleil au début de la formation du Système solaire. C'est un disque protoplanétaire.

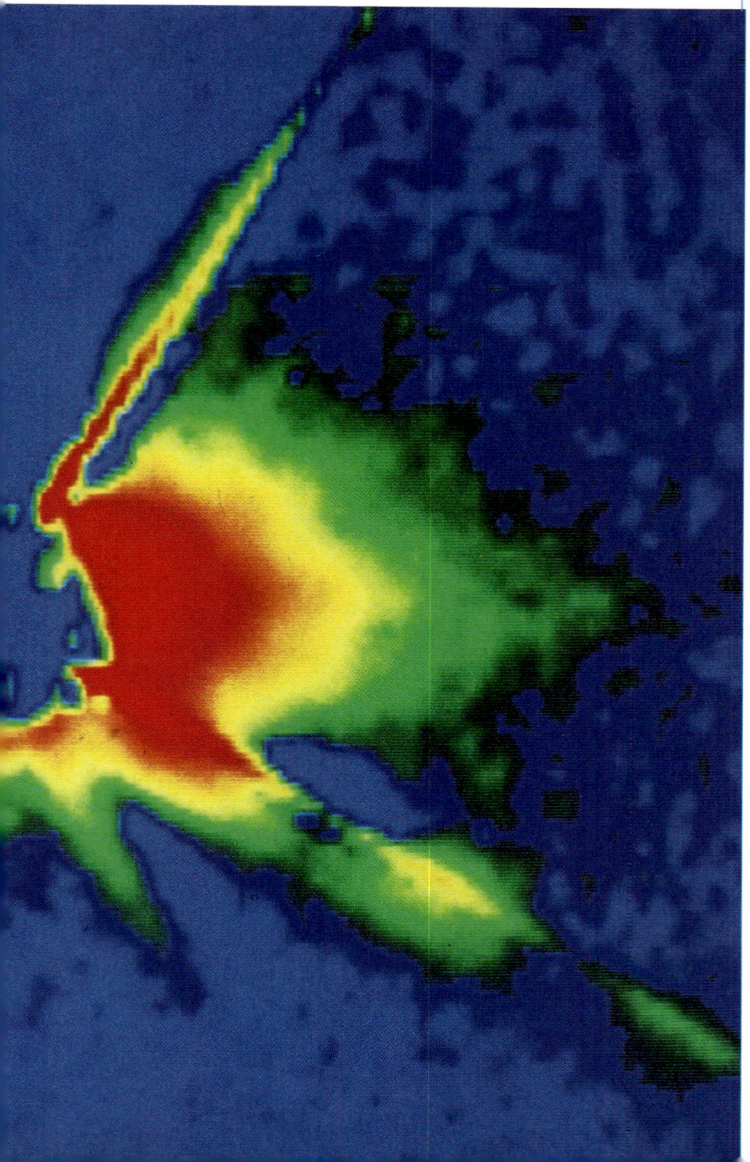

ÉTONNANT !

La comète Hale Bopp en mars 1997.

Le réservoir de comètes

L'allumage du Soleil s'accompagne d'un « nettoyage » du Système solaire. Les résidus de gaz et de poussière qui n'ont pas été capturés par les planètes en formation sont rejetés au loin, bien au-delà des orbites de planètes les plus lointaines.
Que deviennent ces témoins de la naissance du Système solaire ? On pense aujourd'hui qu'ils se sont regroupés dans un grand nuage entourant le Système solaire : le Nuage de Oort, le réservoir de comètes.
À la périphérie du Système solaire, l'influence des étoiles les plus proches peut se faire sentir, au gré des déplacements relatifs des étoiles dans la Galaxie. Ainsi, parfois, par le jeu des attractions-répulsions, certains de ces petits corps sont renvoyés vers le Soleil : ce sont des comètes, des boules de glace et de poussière. En se rapprochant de la chaleur solaire, leur glace se transforme en vapeur d'eau, formant une magnifique queue lumineuse.

Le Soleil : une « machine infernale »

Le Soleil éclaire et chauffe la Terre comme un four qui chaufferait depuis près de 4,5 milliards d'années. D'où provient donc cette énergie considérable ?

Une centrale nucléaire naturelle

L'astre du jour est une boule de gaz en fusion, de l'hydrogène, 109 fois plus grande que la Terre. En son centre, la matière est si comprimée que les atomes d'hydrogène fusionnent et se transforment en atomes d'hélium. Le cœur du Soleil est ainsi un réacteur à fusion nucléaire naturel, d'une température de 14 millions de degrés.

1. Cœur (réactions thermonucléaires) ; 2. Zone radiative (transfert de l'énergie par rayonnement lumineux) ; 3. Zone convective (écoulement de la chaleur par des bulles chaudes) ; 4. Photosphère (surface visible) ; 5. Tache solaire ; 6. Éruptions et protubérances ; 7. Lumière et vent solaire.

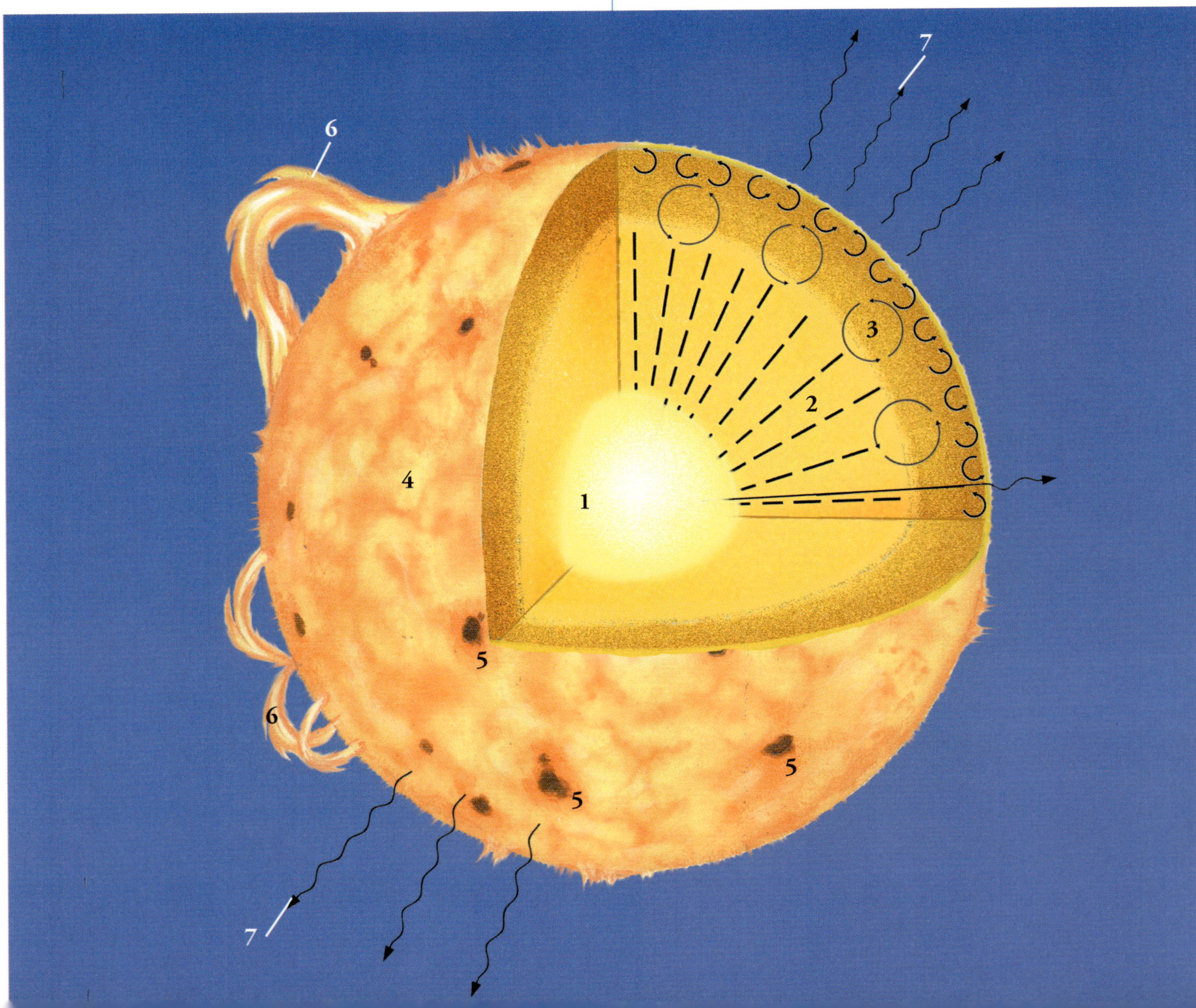

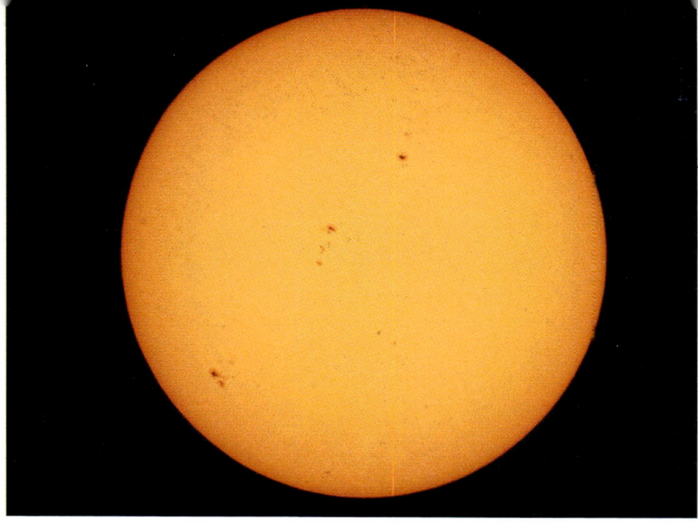

Le Soleil photographié en lumière visible.

Le vent solaire

Enfin la lumière débouche brutalement à la surface du Soleil et s'échappe en toute liberté dans le vide spatial. Au passage, elle échauffe jusqu'à 1,5 million de degrés la couche la plus externe du Soleil, que l'on appelle la couronne. Les éruptions solaires bombardent les planètes du Système solaire de minuscules particules extrêmement énergétiques. On appelle ce phénomène le vent solaire, qui nous détruirait si l'atmosphère et le magnétisme de notre Terre ne nous protégeaient pas.

Le long trajet de la lumière

Les réactions nucléaires du centre du Soleil produisent une énergie très intense qui dégage de la lumière. Cette lumière s'échappe du noyau vers la surface. L'intérieur du Soleil est si dense et si agité qu'il faut un milliard d'années aux particules de lumière pour parvenir à la surface ! Lorsqu'elles se rapprochent de la surface du Soleil, alors qu'il leur reste encore à peu près 200 000 km à traverser, leur passage provoque un bouillonnement, un peu comme celui qui est observé dans une casserole d'eau en ébullition... D'où l'aspect bouillonnant de la surface du Soleil.

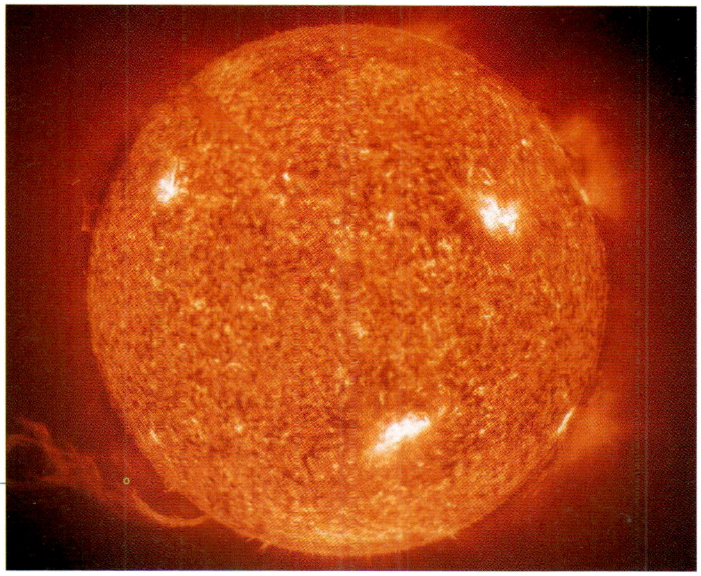

Le Soleil et ses protubérances vus par le satellite SOHO, dans la lumière ultraviolette.

Un formidable laboratoire

Notre Soleil est la seule étoile que nous puissions vraiment connaître et étudier de très près. Même s'il ne s'agit que d'une étoile naine assez banale, les conditions de température et de pression qui y règnent, tant dans son cœur qu'à sa surface ou dans son atmosphère, ne sont toujours pas reproduites sur la Terre, même dans nos laboratoires les plus modernes. C'est, pour les spécialistes de la physique des hautes énergies, un lieu d'expérimentation tout à fait unique. De même, nous ne sommes toujours pas en mesure d'étudier en détail les autres étoiles, même les plus proches. Alors nous nous servons de notre connaissance du Soleil pour émettre des hypothèses concernant la vie des autres étoiles. Notre Soleil sert de modèle aux astrophysiciens théoriciens.

Les protubérances et les éruptions solaires vues en rayons X par le satellite Yohkoh.

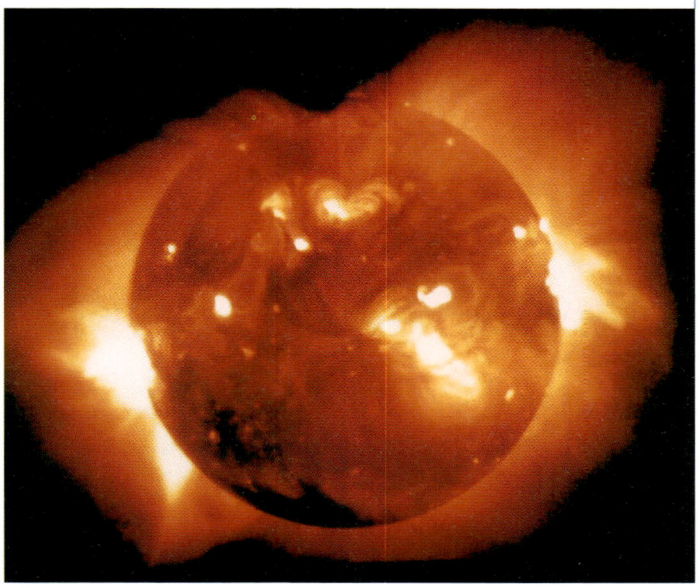

Le Soleil : sa surface, ses taches...

Une lumière si violente se dégage du Soleil qu'il est presque impossible et de toute façon extrêmement dangereux de le regarder à l'œil nu sans aucune précaution. En fait, sans l'aide d'appareils spécialisés, on ne pourrait pas étudier sa surface.

Un disque éblouissant

Le Soleil est une immense boule de gaz de 1 400 000 km de diamètre. Près de 4 fois la distance Terre-Lune ! Sa surface visible, la photosphère, n'est qu'une toute petite couche de seulement 300 km d'épaisseur. Vu depuis la Terre, à condition de bien se protéger les yeux, il nous apparaît comme un disque légèrement aplati, blanc-jaunâtre. Il tourne sur lui-même en 27 jours environ. Quand il se lève ou quand il se couche, sa lumière nous semble rouge car elle est filtrée par l'atmosphère, plus épaisse dans la direction de l'horizon.

Les taches du Soleil

Une observation détaillée nous montre que la surface du Soleil n'est pas uniforme mais présente parfois des taches très sombres, ou des groupes de taches, d'une durée de vie de quelques jours à quelques mois. Ces « petites » taches, qui pourraient aisément contenir la Terre entière, correspondent à des zones moins chaudes et sont donc moins lumineuses que ce qui les entoure : de la Terre, elles paraissent même noires.

Les protubérances s'élèvent en des arches, parfois jusqu'à 1 million de kilomètres au dessus de la surface. Le coronographe utilisé pour cette photo (un instrument qui masque le disque solaire) nous permet d'observer l'atmosphère externe du Soleil sans être aveuglés par son disque brillant.

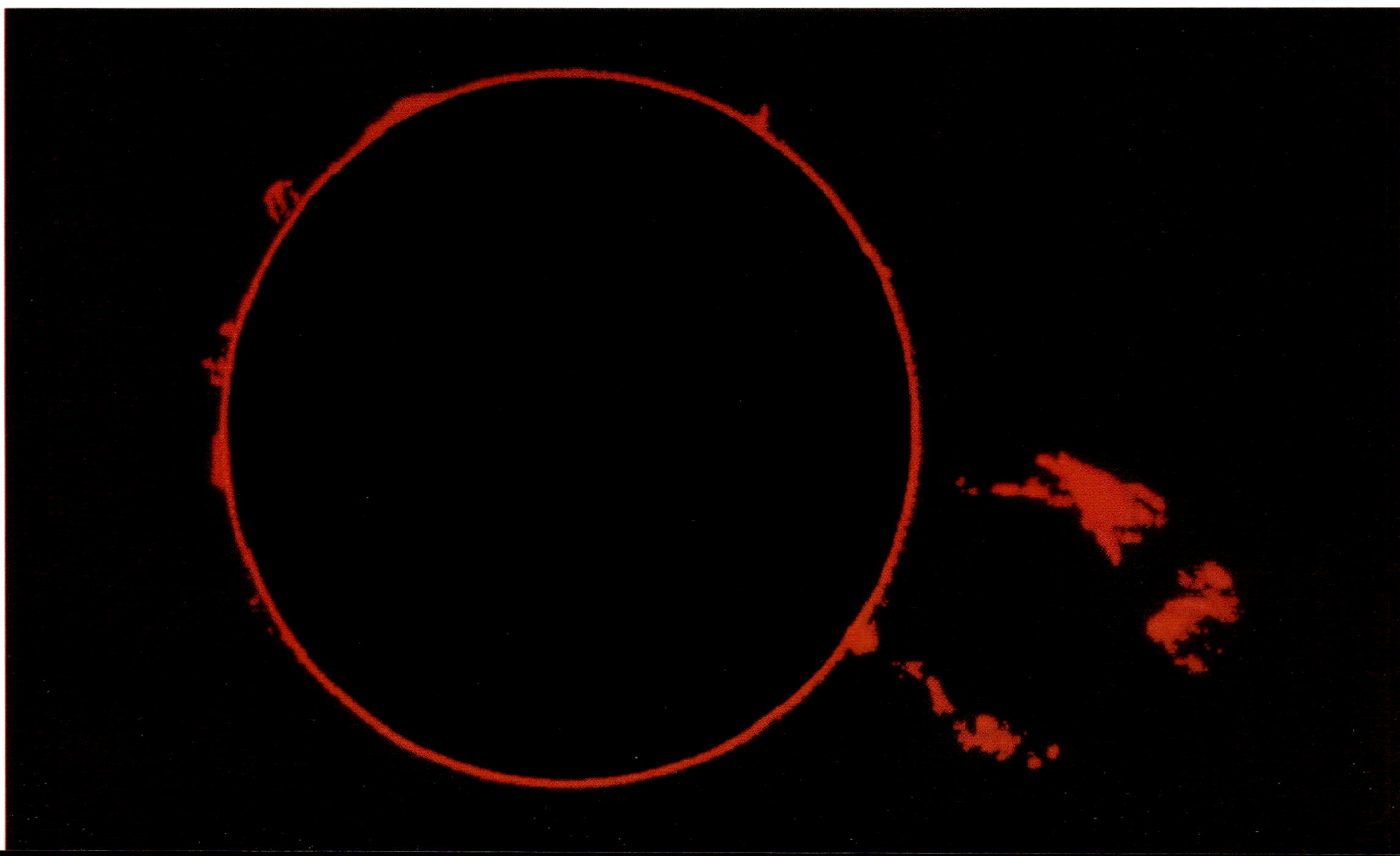

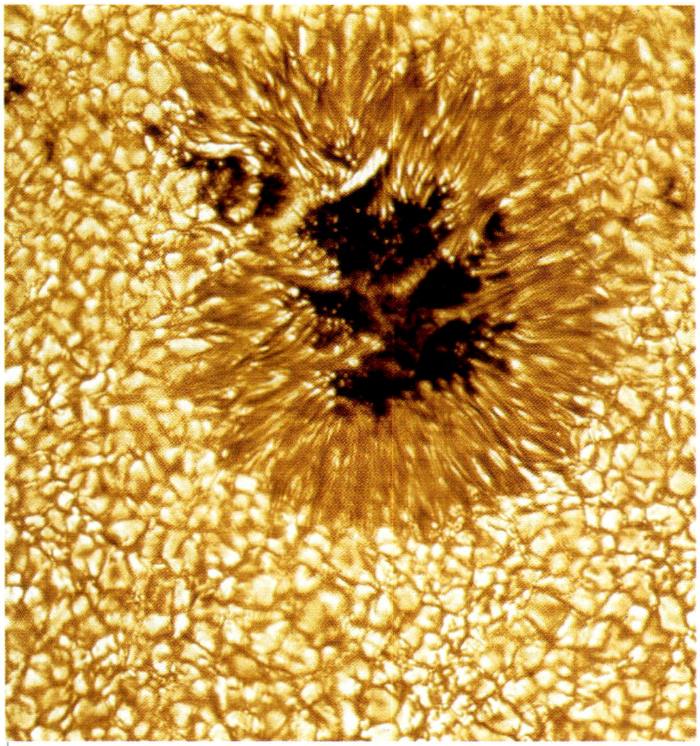

On voit bien une grande tache à la surface du Soleil sur cette image prise par le satellite SOHO.

Les taches apparaissent sur la surface solaire surtout dans les zones situées de 5° à 45° de latitude, et semblent plus nombreuses tous les 11 ans. Au moment du maximum d'activité solaire (maximum de taches), cela crée des perturbations dans les télécommunications sur Terre, les satellites en orbite autour de la Terre sont ralentis...

D'où proviennent ces taches ?

Il faut imaginer le Soleil comme un gros aimant qui retient autour de lui de la matière. Or cet aimant tourne sur lui-même plus vite à l'équateur (un tour en 25 jours) qu'aux pôles (un tour en 36 jours). Cette différence de vitesse entraîne des perturbations dans l'attraction de l'aimant : il n'attire pas la matière partout de la même façon. Par endroits, la matière du Soleil s'élève alors de la surface en de gigantesques éruptions, formant d'immenses boucles.
On les appelle les protubérances. En s'élevant, la matière refroidit. De la Terre, cette matière nous apparaît alors sous la forme de taches noires.

ÉTONNANT !

La couronne du Soleil n'apparaît que lors des éclipses totales, comme ici en 1999.

Observer le Soleil... quand il est caché !

Vus depuis notre Terre, la Lune et le Soleil ont quasiment le même diamètre. Cet heureux hasard nous permet d'assister régulièrement au spectacle magique des éclipses, lorsque la Lune, située entre le Soleil et nous, masque le disque du Soleil. Plongés dans l'ombre de la Lune, nous pouvons alors observer en toute sécurité la couronne qui entoure le Soleil, sans être éblouis par son disque trop lumineux. Les plus grandes protubérances deviennent alors visibles au bord du Soleil.

Le vent solaire

La Terre, comme toutes les planètes du Système solaire, est sans cesse bombardée par un flot continu de particules venues du Soleil.

Échappés du Soleil

La couronne externe du Soleil est une zone très mince et très chaude : plus de 1 million de degrés. Or, plus un corps est chaud, plus les atomes qui le composent sont agités. À des températures pareilles, les particules qui constituent la matière du Soleil sont animées d'une incroyable vitesse (plusieurs milliers de kilomètres par seconde). Cela leur permet de se libérer de l'attraction du Soleil et de s'échapper dans le vide spatial vers les planètes. On appelle ce phénomène le vent solaire. Le Soleil perd ainsi 2 millions de tonnes de matière chaque seconde.

Un bombardement de particules

Arrivées au niveau des planètes, si aucun écran ne les freine, les particules viennent percuter violemment le sol ou le sommet des nuages. La plupart des planètes, dont la Terre, sont heureusement protégées par leur magnétisme et, pour certaines, par leur atmosphère, qui font écran aux particules dangereuses. La Lune, en revanche, n'est pas protégée du vent solaire. La roche lunaire, constamment érodée, est réduite en poussière, en partie à cause du bombardement des particules solaires. Un effet bien visible du vent solaire est l'orientation de la queue des comètes : lorsqu'une comète s'approche du Soleil, la glace qui la compose fond et se transforme en une sorte de traîne que l'on appelle la queue de la comète. Le bombardement du vent solaire rejette cette traîne dans la direction opposée au Soleil, un peu comme le vent fait flotter une chevelure.

Lors des sorties dans l'espace, les cosmonautes doivent être protégés du vent solaire. Leur combinaison est conçue pour y résister.

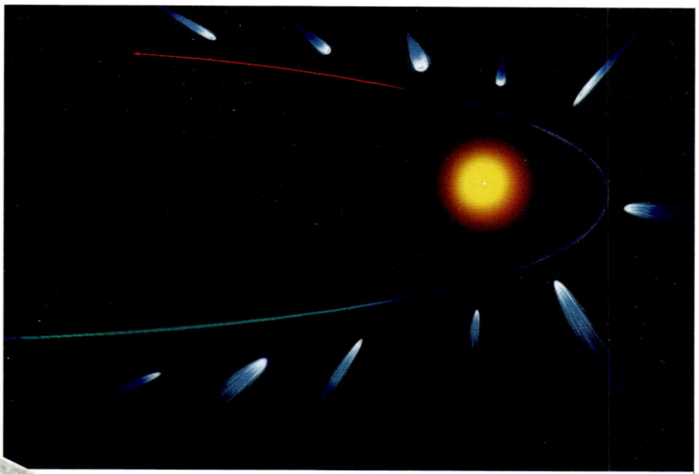

Le vent solaire chasse la queue de la comète dans la direction opposée au Soleil.

ÉTONNANT !

Les aurores boréales et australes

Lors des périodes d'intense activité solaire, tous les 11 ans, le bombardement du vent solaire s'intensifie. Le bouclier magnétique et l'atmosphère terrestre ont plus de mal à nous protéger et un plus grand nombre de particules parviennent à pénétrer dans les couches les plus hautes de l'atmosphère. Entrant au-dessus des pôles terrestres, qui les attirent comme des aimants, ces particules, en rencontrant les molécules de la haute atmosphère, provoquent de magnifiques spectacles, véritables draperies flottantes, lumineuses et colorées, que l'on nomme aurores boréales dans l'hémisphère Nord et aurores australes dans l'hémisphère Sud.

Elles sont si « proches » de nous, soumises à l'attraction de la même petite étoile, le Soleil, et pourtant si mystérieuses encore ! Il y en a 9, de la minuscule Pluton à la gigantesque Jupiter, en passant par la bille métallique Mercure et la boule de gaz Neptune...

Les planètes

Mercure

Une petite planète, au cœur de fer, d'aspect semblable à la Lune, couverte de poussière et criblée de trous, où il fait 450 °C le jour et –170 °C la nuit : Mercure est un monde très inhospitalier.

Une petite planète

Presque trois fois plus petite que la Terre (4 880 km de diamètre), Mercure met seulement 88 jours à faire le tour du Soleil car elle en est très proche. Pour nous, elle n'est visible que le soir au coucher du Soleil ou le matin juste avant son lever. Du fait des positions du Soleil, de Mercure et de la Terre les uns par rapport aux autres, Mercure nous présente des phases semblables à celles de la Lune. Ainsi, nous voyons en alternance le premier quartier de la planète, la pleine Mercure, puis le dernier quartier, etc.

Des conditions extrêmes

Mercure tourne sur elle-même beaucoup plus lentement que la Terre : la période de rotation de Mercure est égale à 59 jours terrestres. Voilà pourquoi la petite planète subit de fortes différences de température entre la nuit et le jour. En plein jour, lorsque le Soleil, très proche, éclaire et chauffe le sol, il peut faire jusqu'à 450 °C. À cette température, même le plomb fondrait. En revanche, mieux vaut ne pas traîner dehors pendant la très longue nuit, où la température descend jusqu'à –170 °C !

Une planète sans protection

Sur la Terre, l'atmosphère nous protège : elle fait écran au vent solaire et brûle en l'air toutes les météorites, de petits blocs de roche flottant dans l'espace, que nous croisons dans notre course autour du Soleil.

Mercure, photographiée ici par Mariner-10, ressemble beaucoup à la Lune, avec sa surface criblée de cratères. Comme pour notre satellite, nous n'en voyons périodiquement qu'un quartier.

L'atmosphère de Mercure n'est pas suffisamment épaisse pour protéger la planète du vent solaire ni empêcher les météorites de bombarder le sol.

Un paysage de cratères

La surface de Mercure se trouve véritablement criblée de cratères de 100 à 200 km de diamètre. Il y a 3,8 millions d'années, une grosse météorite a percuté le sol, creusant un cratère immense de 1 300 km de diamètre, le cratère Carolis, réveillant l'activité volcanique de la planète. Mais ici, pas de plaine ou de « mer » comme sur la Lune. Falaises, crevasses et cratères constituent le paysage désolé de Mercure.

En 1974 et 1975, la sonde spatiale Mariner-10 s'est approchée à trois reprises de Mercure. Elle a pu prendre des milliers de photos de sa surface, à 47 000 km et à 300 km d'altitude.

Le sol de Mercure présente, en plus de ses nombreux cratères, de grandes falaises rectilignes de 2 à 3 km de haut.

L'exploration de Mercure

Mercure fait partie des planètes les moins explorées. Elle est pourtant une clé pour la connaissance de l'évolution du Système solaire. La seule sonde à avoir jamais survolé Mercure est la sonde américaine Mariner-10, lancée en novembre 1973, et qui transmet, à l'occasion de trois passages serrés successifs, près de 7 000 images de la surface de la planète. Elle recherche aussi la présence d'une atmosphère éventuelle.
Actuellement, deux projets concurrents sont à l'étude pour répondre aux questions soulevées par les mesures de Mariner-10 : le projet américain Messenger Mercury Orbiter (lancement prévu en 2004, mission sur Mercure en 2008-2009) et le projet européen BepiColombo (lancement pas avant 2009), ainsi nommé en l'honneur du professeur Giuseppe Colombo (1920-1984) de l'université de Padoue, dont les travaux furent à l'origine du succès de la mission Mariner-10.

Vénus

Vénus est la sœur de la Terre par ses dimensions. Derrière ses beaux nuages jaunes qui la rendent si brillante, elle cache un monde… infernal.

L'Étoile du berger

Dans notre ciel, Vénus est l'astre le plus brillant après le Soleil et la Lune. Pourtant, elle n'émet pas de lumière et réfléchit seulement celle du Soleil : ce n'est pas une étoile. Deuxième planète dans l'ordre des distances au Soleil, elle tourne autour de l'astre du jour en 225 jours. Comme c'est l'astre le plus brillant, c'est aussi celui qui apparaît le premier dans le ciel avant les étoiles ou qui disparaît en dernier avant que le Soleil se lève. De ce fait, Vénus a longtemps servi de repère aux bergers, qu'elle guidait le soir tombé : voilà pourquoi, bien que ce soit une planète, on la surnomme l'Étoile du berger.

Un enfer jaunâtre

De masse et de dimension semblables à la Terre, Vénus n'a pas évolué de la même façon. Plus proche du Soleil, dont elle n'est distante que de 108 millions de kilomètres, c'est une véritable fournaise. Une épaisse couche de dioxyde de carbone et de nuages jaunâtres d'acide sulfurique l'enveloppe, maintenant la chaleur comme dans une serre. De ce fait, la température au sol atteint 500 °C, et la pression y est près de 100 fois celle de la Terre : nous y serions immédiatement aplatis. Enfin, l'atmosphère de Vénus est absolument irrespirable, traversée par des pluies acides et des vents très violents.

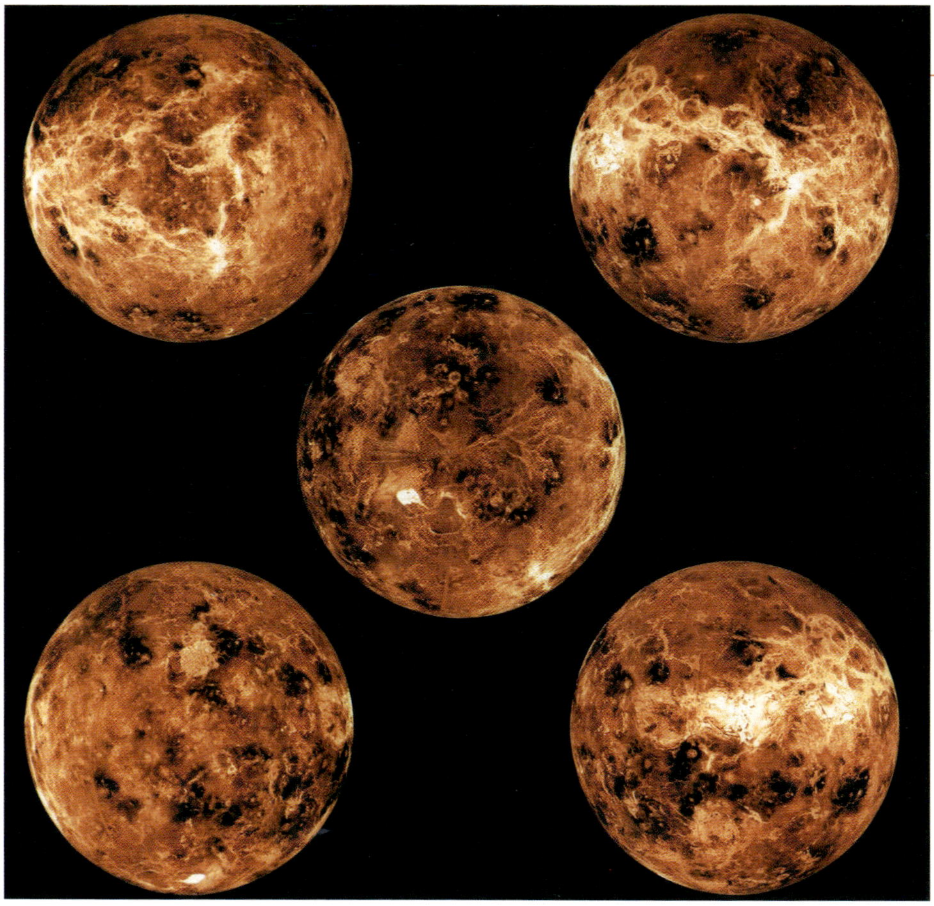

En 1990 et 1991, la sonde Magellan a photographié la surface de Vénus. Son radar permettait de traverser l'épaisse couche de nuages pour voir le sol.

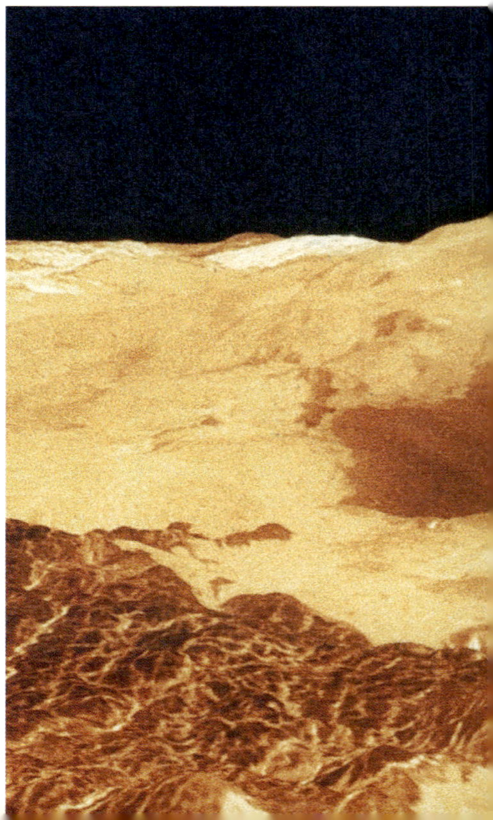

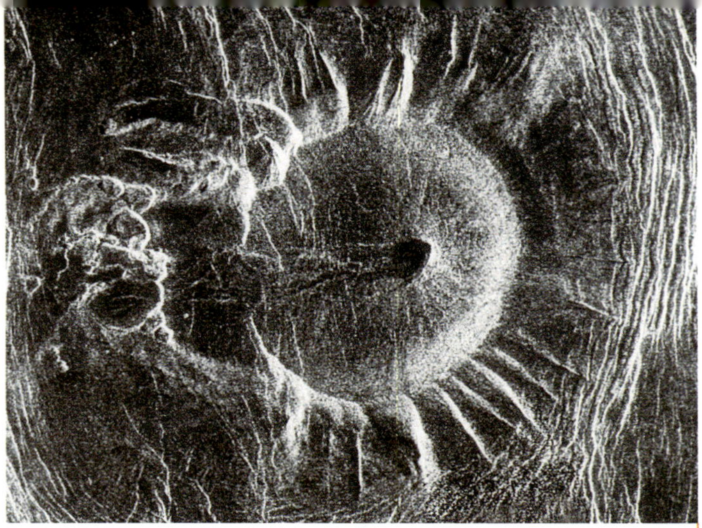

Le sol de Vénus présente quelques cratères, comme celui d'Eistia, photographié par la sonde Magellan.

Une planète active

Des sondes spatiales envoyées vers le sol de Vénus ont montré un monde au volcanisme encore très actif. Deux vastes continents, Aphrodite Terra et Ishtar Terra, dominent d'immenses plaines. La plus haute montagne, Maxwell Montes, culmine à 11 000 m : l'Everest plus un bon morceau du mont Blanc ! Quelques cratères dus à des chutes de météorites restent bien marqués, malgré un nombre important de volcans aux formes variées, inconnues sur la Terre. Plus de 1 000 volcans au diamètre supérieur à 20 km ont été recensés sur Vénus.

ÉTONNANT !

Résister à l'enfer de Vénus

Si le premier survol de Vénus est à mettre au crédit des Américains (Mariner-2, en décembre 1962), ce sont les Soviétiques qui réussissent à faire atterrir en douceur des sondes sur le sol vénusien.
Après deux échecs, en 1961 et 1965, la sonde Venera-3 réussit à larguer une capsule qui atteint la surface en mars 1966, mais ne parvient pas à en transmettre des données. En juillet 1972, la capsule de Venera-8 résiste 50 minutes à l'atmosphère extrêmement acide et transmet des informations sur la radioactivité, la vitesse des vents, et l'absorption de la lumière solaire par l'épaisse couche nuageuse.
En 1978, les modules d'atterrissage de Venera-11 et 12 battent des records de durée de fonctionnement (respectivement 95 et 110 minutes).
Enfin, les missions Venera-13 et 14 établissent, en mars 1982, des vues panoramiques de l'infernal paysage vénusien.

Volcanisme important, hautes températures, pression élevée... Vénus est un monde hostile.

Terre : la planète bleue et rouge

La Terre cache bien son jeu : bleue et douce avec ses écharpes de nuages blancs, elle offre aux hommes une température modérée. Mais elle dissimule, sous sa surface, une fournaise rouge de lave liquide et un noyau de roches en fusion.

La planète bleue

Le diamètre de la Terre se limite à 12 800 km : à peine 12 fois la distance de Lille aux Pyrénées ! Légèrement aplatie aux pôles, notre petite planète apparaît bleue depuis l'espace car les océans la recouvrent aux trois quarts.

Sa position par rapport au Soleil, ni trop proche ni trop éloignée (150 millions de kilomètres environ), fait régner à sa surface une température modérée et permet à l'eau d'y exister presque partout sous sa forme liquide : cela favorise le développement de la vie végétale et animale.

La Terre. 1. Atmosphère ; 2. Croûte ; 3. Manteau ; 4. Noyau.

Vue du côté de l'océan Pacifique, la Terre semble une planète presque uniquement liquide.

Une atmosphère dense

L'atmosphère, qui entoure notre planète, a une épaisseur d'environ 480 km. Elle est surtout composée de deux gaz, l'azote et l'oxygène.

C'est dans la partie la plus proche du sol et la plus dense que la température de l'atmosphère est la plus élevée (20 °C en moyenne) : cela provient de l'effet de serre, comme sur Vénus.

La planète rouge

Sous son apparente sérénité, la Terre cache une intense activité. L'écorce terrestre, de 40 km d'épaisseur au maximum, est découpée en plaques continentales. Ces plaques flottent comme de gigantesques radeaux sur un océan de laves liquides que l'on appelle le manteau. Au gré des mouvements, des plaques peuvent se rencontrer ou s'éloigner, donnant lieu, aux limites des plaques, à des tremblements de terre et à des éruptions volcaniques. Le centre de la Terre est occupé par un noyau en fusion de 6 800 km de diamètre, qui fait lentement chauffer et fondre le manteau.

L'océan de lave projette de gigantesques jets incandescents lorsqu'il parvient à crever la croûte terrestre.

ÉTONNANT !

Les traces fossiles d'une vie très primitive sur Terre : ces bactéries retrouvées dans un cristal de calcite ont 2 milliards d'années.

D'où vient la vie sur Terre ?

Nous n'avons pas encore trouvé de vie ailleurs que sur la Terre, même pas sous forme de traces. La température douce à la surface de notre planète permet à l'eau de demeurer presque partout à l'état liquide. Or, la vie, telle que nous la connaissons, a grand besoin d'eau. L'origine de la vie sur la Terre reste encore un mystère. Est-elle le résultat d'une lente évolution naturelle ? La vie a-t-elle été apportée sur la Terre depuis l'espace, lors des collisions avec les comètes ? Est-elle un phénomène unique ou rare ou, au contraire, est-elle l'étape naturelle et répandue d'un Univers en constante évolution ? Nul ne le sait et toutes les suppositions coexistent. La découverte de la vie ailleurs que sur la Terre, sur d'autres planètes ou sur leurs lunes, autour d'autres étoiles, nous donnera peut-être un jour la clé pour mieux comprendre son origine.

Les mouvements de la Terre

Il est bien difficile d'imaginer que nous fonçons à la vitesse vertigineuse de 100 000 km/h dans le vide de l'espace ! Pourtant, c'est bien ce qui se passe : notre Terre nous emporte ainsi dans sa course autour du Soleil, comme sur le plus fou des manèges de foire. Heureusement, comme tout sur la Terre, même l'air qui nous entoure fonce à la même vitesse, nous ne ressentons rien.

Tournez manège

Le grand mouvement de révolution de la Terre autour du Soleil s'effectue en 365 jours un quart. La Terre tourne aussi sur elle-même. Une rotation complète dure presque 24 heures. Cette rotation provoque de nombreux effets bien visibles. Le premier est, bien sûr, l'alternance des jours et des nuits. Il faut 24 heures pour que le Soleil se retrouve à la même place dans le ciel.

La Terre ralentit

La rotation de la Terre n'est pas uniforme. Non seulement elle varie au gré des saisons, des vents et de la fonte des glaces, mais elle ralentit imperturbablement, perdant une seconde tous les 600 ans. Lors de sa formation, la Terre tournait beaucoup plus vite sur elle-même. Si elle est aplatie aux pôles, c'est à cause de sa rotation.

La rotation de la Terre provoque des déplacements violents de l'air et des nuages. On voit ici les tourbillons gigantesques de deux cyclones.

Au fil des saisons

La révolution de la Terre autour du Soleil, sa rotation autour d'elle-même et le fait qu'elle ne tourne pas comme une toupie bien droite, mais que son axe est incliné, provoquent le phénomène des saisons.
En effet, selon la position de la Terre sur son orbite autour du Soleil, les rayons solaires touchent les divers points du globe plus ou moins verticalement. Plus les rayons sont verticaux, plus il fait chaud. La période de l'année où ils sont le plus verticaux s'appelle le solstice d'été. Au contraire, plus ils sont inclinés quand ils touchent le sol, plus il fait froid. La période où ils sont le plus inclinés s'appelle le solstice d'hiver. Lorsque l'hémisphère Nord est exposé aux rayons les plus inclinés, c'est l'hiver dans cette partie du monde et l'été dans l'hémisphère Sud. Et vice versa.

La révolution de la Terre autour du Soleil et son inclinaison entraînent la succession des saisons.

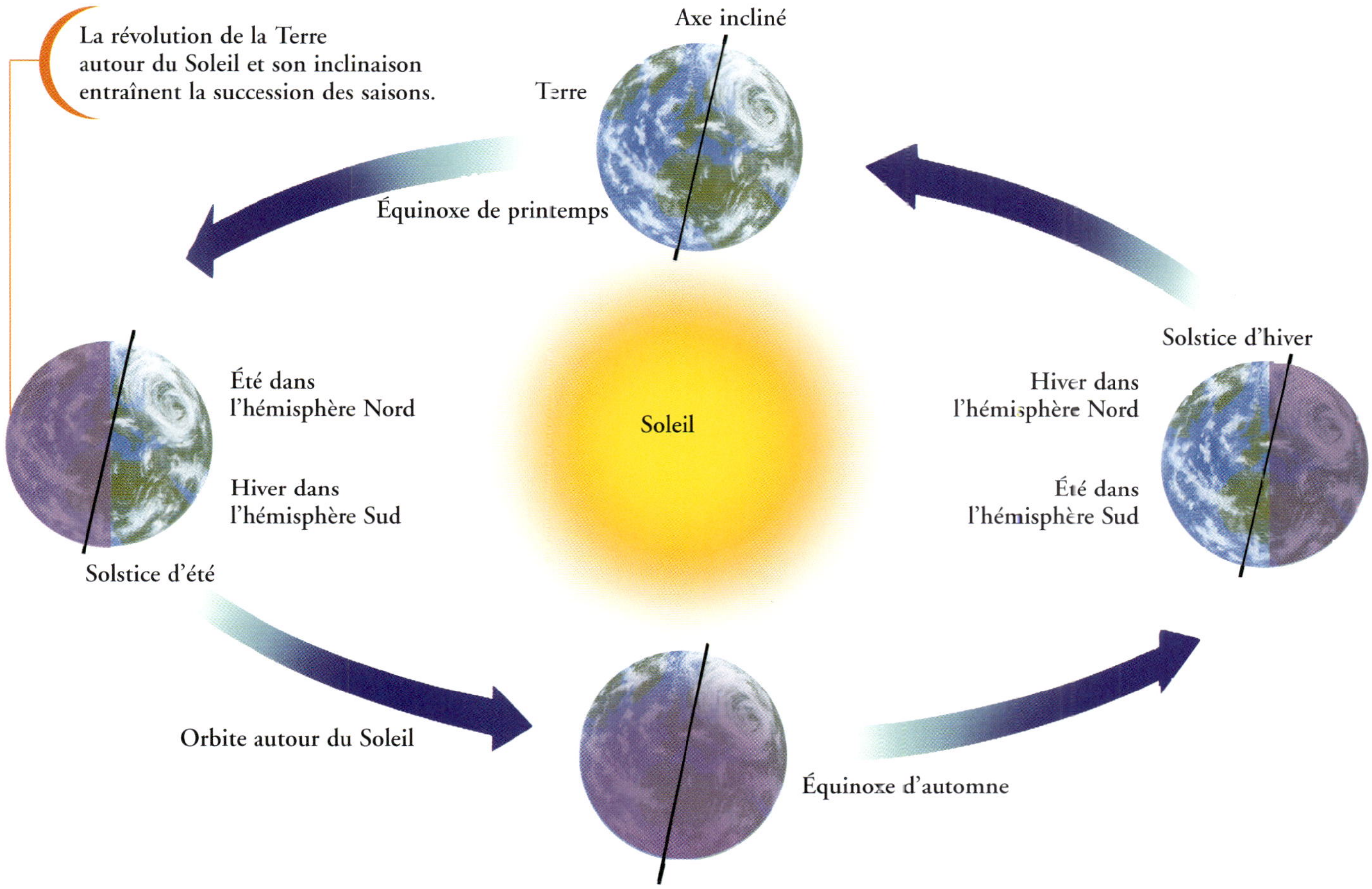

De la Lune, on distingue bien l'alternance du jour et de la nuit sur Terre. Pendant qu'il fait jour d'un côté, toute l'autre partie est plongée dans la nuit.

Au fil des jours

L'inclinaison variable des rayons solaires entraîne une autre conséquence : la durée du jour plus longue en été, car le Soleil, plus haut sur l'horizon, reste visible plus longtemps. En hiver, les jours sont plus courts, car le Soleil, bas sur l'horizon, se cache plus vite. Au printemps et en automne, nuits et jours sont de durée égale. Voilà pourquoi on parle d'équinoxes (= nuit égale).

Le temps et la Terre

La Terre est une horloge. Depuis des millénaires, elle rythme le travail et la vie des hommes.

Et pourtant elle tourne !

La succession des jours et des nuits est le premier cycle naturel des êtres vivants. L'Homme, comme la plupart des animaux, vit le jour et se repose la nuit. Certains animaux, au contraire, profitent de la tombée de la nuit pour se mettre à chasser. Il faut 24 heures pour que le Soleil revienne à sa hauteur maximale dans le ciel, indiquant qu'il est midi.

Le Temps universel

Mais s'il est midi chez nous, il est minuit en Australie. Temps et lieu sont intimement liés. Pour choisir un temps de référence commun à tous les hommes afin de dater les événements qui les concernent tous, il a donc fallu choisir un lieu de référence : c'est l'observatoire de Greenwich en Angleterre, près de Londres. Le Temps universel est ainsi fondé sur l'heure solaire de Greenwich.

Les fuseaux horaires

Pour que chaque endroit sur la Terre ait une heure précise (heure légale), on a divisé la Terre comme une grosse orange en 24 quartiers : les fuseaux horaires. En allant vers l'est, on ajoute une heure chaque fois que l'on passe d'un fuseau à l'autre. C'est l'inverse vers l'ouest. Pour la France métropolitaine, décalée par rapport au méridien de Greenwich, l'heure légale est donc d'une heure de plus.

Toujours sous le ciel ouvert, soumis aux rythmes du Soleil, de la Lune, des saisons, les paysans sont ceux qui ont le plus tôt perçu la régularité de ces rythmes.

L'année

Avec l'utilisation intensive de l'agriculture, on s'est vite rendu compte qu'un autre cycle, plus long, règle la vie sur la Terre. C'est l'année et le cycle des saisons. La Terre met 365 jours un quart pour faire le tour du Soleil. Ainsi, il faut un an pour que l'été revienne avec ses grosses chaleurs.

Le calendrier

Mais comment diviser l'année ? On utilise pour cela la Lune, l'autre astre important. Deux nouvelles lunes successives sont séparées d'environ 29,5 jours. On a donc choisi de diviser l'année en 12 : 4 mois de 30 jours, 7 mois de 31 jours, plus un mois de 28 jours (février). Si l'on fait le calcul, il manque un quart de jour pour boucler les 365 jours un quart. On a donc décidé d'ajouter un jour au mois de février tous les 4 ans : ce sont les années bissextiles.

Calendrier aztèque. Au centre : une représentation du dieu Soleil (Amérique centrale).

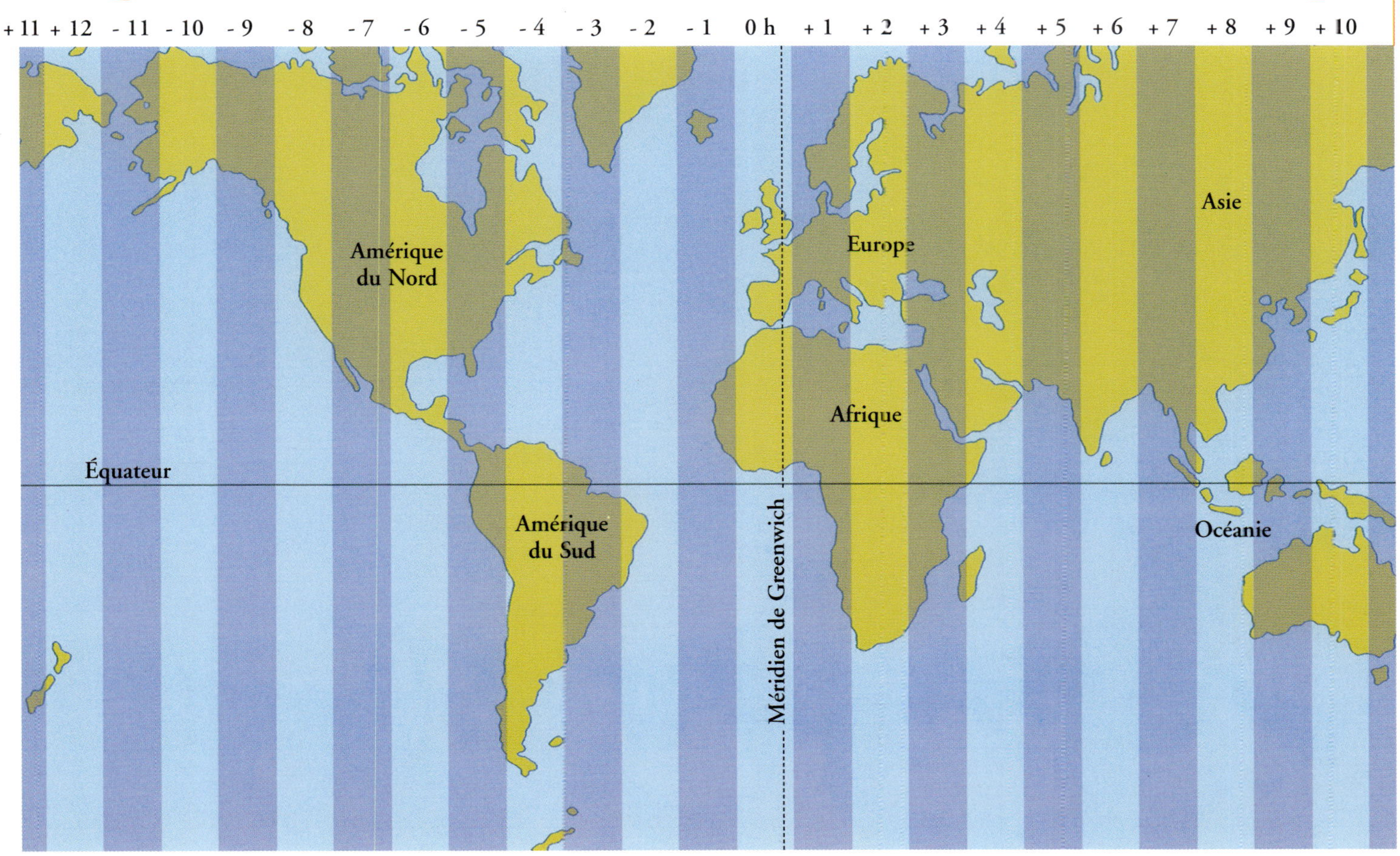

En théorie, voici comment on devrait découper la Terre en 24 fuseaux égaux. En fait, certains très grands pays couvrant plusieurs fuseaux, comme la Chine, ont décidé d'avoir la même heure partout.

La Lune

La Lune est le seul satellite naturel de la Terre. Très proche de nous, si l'on considère les distances dans l'Univers, elle est le seul astre sur lequel l'Homme ait jamais posé le pied.

Un petit pas pour l'Homme !

21 juillet 1969. Mer de la Tranquillité. L'astronaute américain Neil Armstrong foule le sol lunaire devant des millions de Terriens ébahis. Le voyage a duré trois jours. La prouesse technique est de taille ! Pourtant la Lune n'est qu'à un jet de fusée : 384 400 km, moins de 10 fois le tour de la Terre. Ce jour-là, la Lune, satellite de la Terre, est devenue banlieue de notre planète.

Pas d'atmosphère sur la Lune

D'un diamètre 3,5 fois plus petit que la Terre, la Lune n'a pas une masse suffisante pour que sa force d'attraction retienne une atmosphère autour d'elle. Sur la Lune, nous pèserions 6 fois moins que sur Terre : en effet l'attraction lunaire est très inférieure à celle de la Terre. L'absence d'atmosphère signifie aussi absence de protection. Le vent solaire peut sans arrêt bombarder le sol et les météorites criblent la surface de la Lune.

Marcher sur la Lune…
Un jour peut-être sur d'autres planètes ?

Un paysage désolé

Les trous visibles sur le sol, les cratères, sont les traces des violents impacts de météorites qui ont secoué la Lune tout au long de son histoire. Certains furent si forts à l'époque où l'intérieur de la Lune n'était pas encore complètement refroidi que la lave est remontée à la surface, créant les mers et les océans que nous voyons aujourd'hui. Mais il n'y a pas d'eau sur la Lune. Ce que nous appelons « mers » et « océans » ne sont que des plaines d'aspect plus sombre, composées de lave solidifiée, qui recouvrent les grands bassins d'impacts météoritiques.

Les phases de la Lune telles qu'on les voit à l'œil nu.

La face cachée

La Lune nous présente toujours la même face. Il existe donc une face cachée, que seules les sondes lunaires ont pu photographier dès les années 1960. La surface de la Lune que nous voyons de la Terre est plus lisse que la face cachée. Elle présente de vastes plaines, les « mers », et des cratères larges. Cela est sans doute dû au fait que la Terre a protégé cette face, en s'interposant entre les météorites et la Lune. Au contraire, la face cachée est criblée de cratères plus petits et ne présente pas de mer.

La face cachée de la Lune, photographiée en 1994 par la sonde Clementine.

La face visible : le cratère Tycho (1) et les « mers » de la Sérénité (2) et de la Tranquilité (3).

ÉTONNANT !

Toujours la même face

La Lune tourne autour de la Terre. Comment se fait-il qu'elle nous présente toujours la même face ? C'est parce qu'elle tourne sur elle-même dans le même temps. Pour comprendre ce qui se passe, il faut faire une expérience :

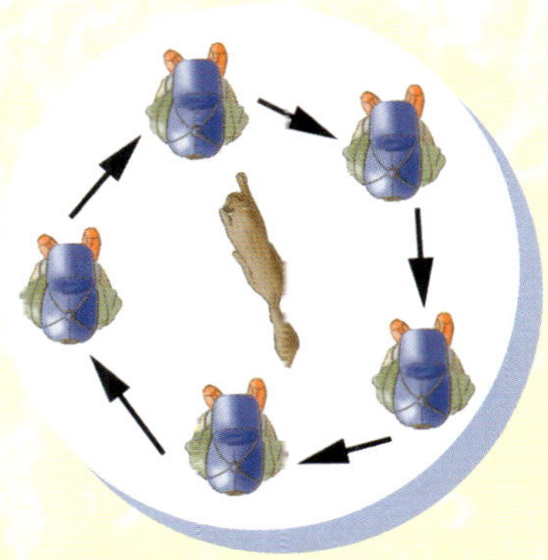

Sur ce premier dessin, on voit (en vue aérienne) un garçon tourner autour d'un chat, mais en regardant toujours dans la même direction. Selon les moments, c'est son dos, puis son profil gauche, son ventre et enfin son profil droit qui sont tournés vers le chat.

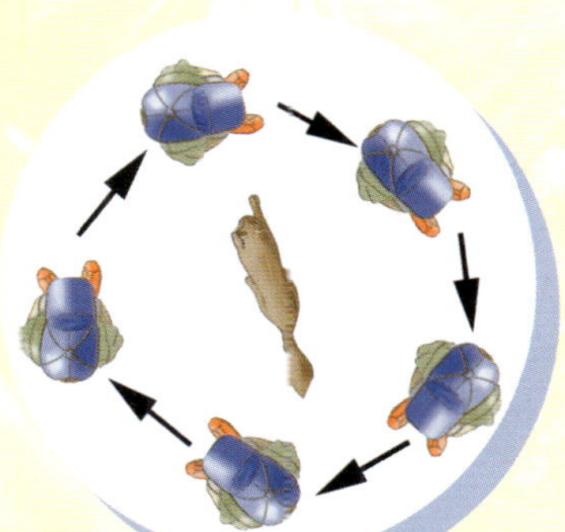

Sur ce second dessin, l'enfant continue à tourner, mais cette fois-ci en tournant en même temps sur lui-même. En un tour complet autour du chat, il a fait aussi un tour complet sur lui-même. Et on voit bien qu'il présente toujours au chat son profil droit. C'est ce qui se passe pour la Lune (l'enfant) et la Terre (le chat).

Le système Terre-Lune

En fait, la Terre est une planète double. C'est en effet la seule planète de tout le Système solaire, avec le couple Pluton-Charon, à posséder un satellite aussi important proportionnellement à sa taille.

Une collision géante

Terre et Lune sont nées à la même époque, il y a 4,5 milliards d'années environ. C'est ce que nous apprennent les 382 kg de roches lunaires que les astronautes ont rapportées sur la Terre au fil de leurs missions. Il aura fallu 12 ans d'âpres discussions entre les géologues pour qu'ils se mettent d'accord sur l'origine de la Lune : un corps céleste de la taille de Mars aurait heurté la Terre à une époque où elle n'était pas encore définitivement formée. La Terre, encore molle, aurait incorporé le cœur du projectile, tandis que les débris projetés en orbite se seraient agglomérés pour donner naissance à la Lune. Cette explication a pour mérite d'expliquer la composition actuelle de la Lune, très proche de celle de la Terre.

Les marées

La Lune est l'astre le plus proche de la Terre. Sa taille (3 476 km de diamètre) en fait l'astre qui influence le plus la vie sur Terre (après le Soleil, qui nous éclaire et nous chauffe, bien sûr). Les paysans connaissent bien l'influence de la Lune sur la pousse des plantes. Du fait de l'attraction de la Lune, la Terre se déforme périodiquement. C'est sur les océans que l'effet est le plus visible, car déformer un océan liquide est plus facile que déformer une Terre solide. Ainsi, lorsque la Lune est

L'attraction lunaire crée le phénomène des marées.

au-dessus de l'océan, toutes les 12 heures environ, elle l'attire et il se gonfle, en se retirant des plages : c'est la marée basse. Le reste du temps, l'eau s'étale et remonte sur le littoral : c'est la marée haute.

La lunaison

La Lune tourne autour de la Terre en même temps qu'elle fait un tour sur elle-même. Éclairée par le Soleil, il en résulte que, si elle nous présente la même face, cette face n'est pas éclairée de la même façon. Lorsque la face visible est dans l'ombre, nous ne distinguons pas la Lune dans le ciel nocturne : c'est la Nouvelle Lune. A l'opposé, quand la face visible est éclairée de plein fouet par le Soleil, c'est la Pleine Lune. La Lune met 27 jours 1/4 pour faire le tour de la Terre. Mais comme la Terre tourne aussi autour du Soleil, la Lune, la Terre et le Soleil changent constamment de position les uns par rapport aux autres. Les trois astres se retrouvent pourtant dans la même configuration tous les 29 jours et 1/2. Ce cycle d'environ un mois s'appelle la lunaison.

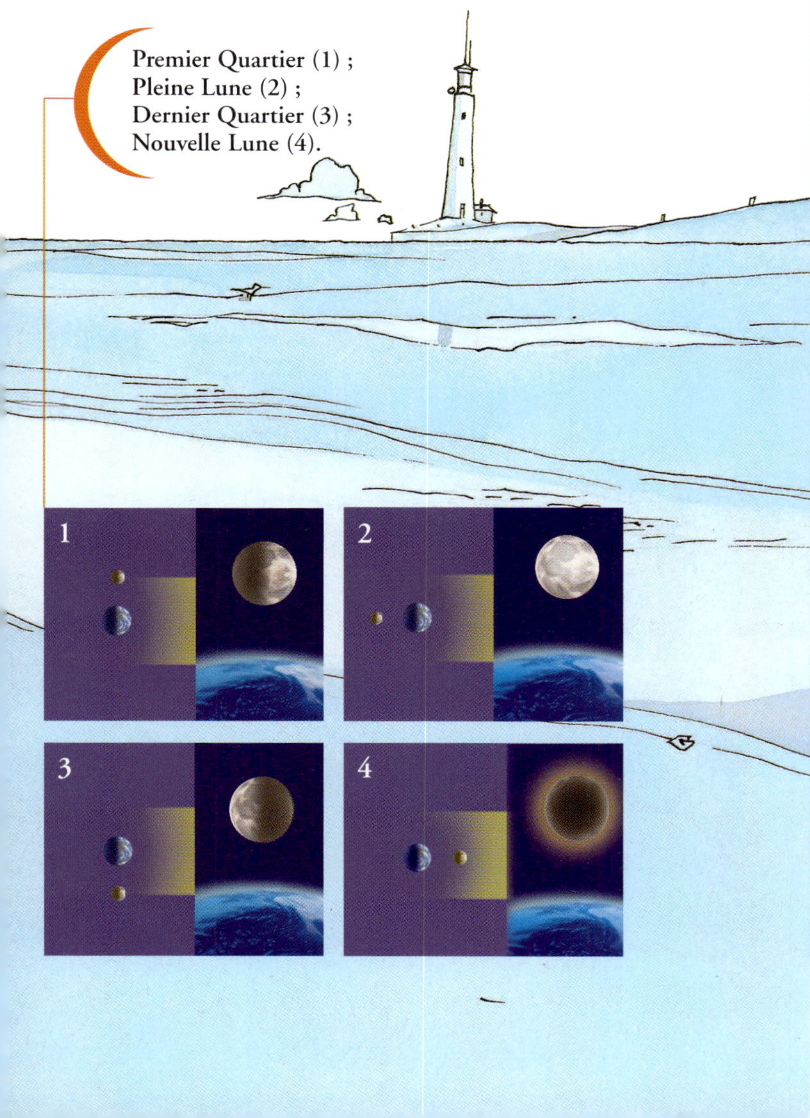

Premier Quartier (1) ;
Pleine Lune (2) ;
Dernier Quartier (3) ;
Nouvelle Lune (4).

ÉTONNANT !

Les éclipses

Lors d'une éclipse de Lune, la Terre passe entre le Soleil et la Lune et plonge la Lune dans l'ombre.

Lors d'une éclipse de Soleil, la Lune passe entre le Soleil et la Terre et nous masque le Soleil.

Si la Lune, la Terre et le Soleil se trouvaient toujours exactement sur le même plan, les éclipses se répéteraient chaque mois. Mais la Lune tourne autour de la Terre sur un plan légèrement différent. Aussi, il ne se produit que 2 à 7 éclipses par an (de Lune ou de Soleil).

Mars

***F**acile à repérer dans le ciel, même à l'œil nu, grâce à sa couleur rougeâtre très caractéristique, la planète Mars nous tient en haleine : nous y cherchons toujours des traces de vie...*

La petite sœur de la Terre

Mars est l'une des quatre planètes rocheuses du Système solaire et la première des planètes dites extérieures, c'est-à-dire plus éloignée du Soleil que nous : sa distance par rapport au Soleil est d'une fois et demie la distance Soleil-Terre. Deux petits satellites naturels d'une dizaine de kilomètres tournent en orbite autour d'elle : Phobos et Deimos.
Mars tourne sur elle-même en un peu plus d'un jour. Son axe est incliné, comme celui de la Terre. L'année martienne est ainsi rythmée par des saisons. Cette année dure le double de la nôtre car la planète est plus éloignée du Soleil et son orbite est plus grande. Mars possède également une atmosphère.

Une atmosphère très ténue

Mars, 2 fois plus petite que la Terre et 10 fois moins massive, n'a pu retenir autour d'elle les gaz les plus légers de son atmosphère : ils ont pu s'échapper dans l'espace. Il ne reste plus autour de la planète que du gaz carbonique et un peu d'azote et d'argon, agités parfois par de vraies tempêtes. Des ouragans de poussière se soulèvent alors. Ils peuvent recouvrir toute la planète et nous empêcher de voir sa surface !

Un désert gelé

Plus éloignée du Soleil que de la Terre, Mars a une température moyenne de – 55 °C. Sa surface ressemble à un vaste désert parsemé de cratères.

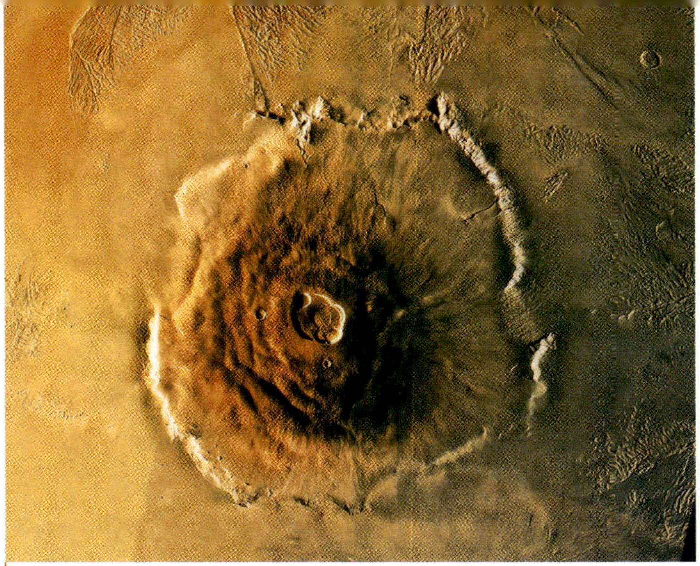

Olympus Mons, l'immense volcan de Mars
et sa plus haute montagne,
vu par la sonde Viking.

Olympus Mons culmine à 27 000 m (plus de 3 fois l'Everest !) et s'étend sur 600 km. C'est le plus grand volcan connu du Système solaire. Quant à la couleur rouge de Mars, on sait maintenant qu'elle est due à l'oxyde de fer contenu dans le sol. Des calottes blanchâtres recouvrent les pôles. Composées de gaz carbonique et d'eau glacée, elles fondent pendant l'été en se transformant directement en gaz. Il y a donc de l'eau sur Mars, mais pas sous forme liquide !

Le paysage de Mars vu depuis la sonde Pathfinder,
posée sur le sol. Au premier plan, on distingue l'enveloppe
protectrice ayant servi à amortir l'atterrissage.

ÉTONNANT !

Traces de ruissellements anciens sur Mars.

De l'eau sur Mars, donc de la vie ?

Il reste encore de l'eau aux pôles et dans le sous-sol de Mars, sous forme de glace mélangée à la terre. À la surface, l'eau a disparu car l'atmosphère de la planète étant très peu dense, l'eau s'évapore immédiatement. Mais il reste des traces d'eau liquide sur le sol, visibles un peu partout sous la forme de lits de rivières asséchées, de vallées fluviales et de canyons abrupts. Il y a seulement 500 millions d'années, l'eau liquide abondait sur Mars, quand son atmosphère était plus chaude, plus dense et plus humide. Pourtant, nous n'avons pas encore trouvé de vie, même fossilisée, à la surface de la planète rouge. Les chercheurs ne désespèrent pas de découvrir, un jour, des traces de vie primitive conservées en profondeur, bien à l'abri sous la terre. Une mission spécialement consacrée à cela est aujourd'hui à l'étude (Mars Polar Lander).

Les astéroïdes

Des millions de rochers de toutes dimensions gravitent entre l'orbite de Mars et celle de Jupiter. Ce sont des astéroïdes. Ils forment une ceinture autour du Soleil, à une distance où on s'attendrait à trouver plutôt une planète.

Le mystère de la cinquième planète

Quand on compare les orbites des planètes, on se rend compte que leurs distances moyennes au Soleil ne sont pas distribuées au hasard, mais semblent suivre une loi que l'on n'explique pas encore très bien, même aujourd'hui.
Selon cette loi, on devrait trouver une planète à 2,8 fois la distance Terre-Soleil, entre les orbites de Mars et de Jupiter. Or, depuis deux cents ans, malgré des recherches assidues, on a trouvé uniquement, à cette distance du Soleil, des milliers de petits corps rocheux. Situés entre 2 et 3,5 fois la distance Terre-Soleil, ils forment ce que l'on appelle la Ceinture principale d'astéroïdes.

Cérès, Pallas, Vesta et les autres

Trois de ces astéroïdes représentent à eux seuls la moitié de la masse totale de la Ceinture principale. Il s'agit de Cérès, d'un diamètre de 933 km, découvert le premier, de Pallas (523 km) et de Vesta (501 km). On estime à quelques millions le nombre d'astéroïdes de diamètre supérieur à 400 m. Mais tous n'ont pas encore été découverts.

Une planète mort-née

Pourquoi ne trouve-t-on pas de véritable planète à cette distance du Soleil ? Les astronomes pensent que l'influence de Jupiter a pu bloquer sa formation. En attirant les plus gros corps situés entre 2 et 4 fois la distance Terre-Soleil et en accélérant leur vitesse, Jupiter a favorisé les collisions entre les astéroïdes, les empêchant de s'agglutiner entre eux pour former une planète, les poussant même à s'éjecter hors du Système solaire.

Bannis de leur orbite

La Ceinture principale se serait ainsi vidée de ses petits corps, ne laissant que les restes que l'on observe aujourd'hui. Expulsés de leur orbite, certains astéroïdes se sont regroupés au voisinage du Soleil. Ils sont parfois amenés à croiser l'orbite de la Terre. On pense ainsi que la destruction de la forêt d'Irkoutsk, en Russie, en 1908, est due à la chute d'un astéroïde.
Le Meteor Crater, en Arizona, serait dû lui aussi à la chute d'un astéroïde, il y a 75 000 ans environ. Il fait près de 1 200 m de diamètre et 170 m de profondeur. On pense également que les deux lunes de Mars, Phobos et Deimos, pourraient être des astéroïdes capturés par la planète rouge.

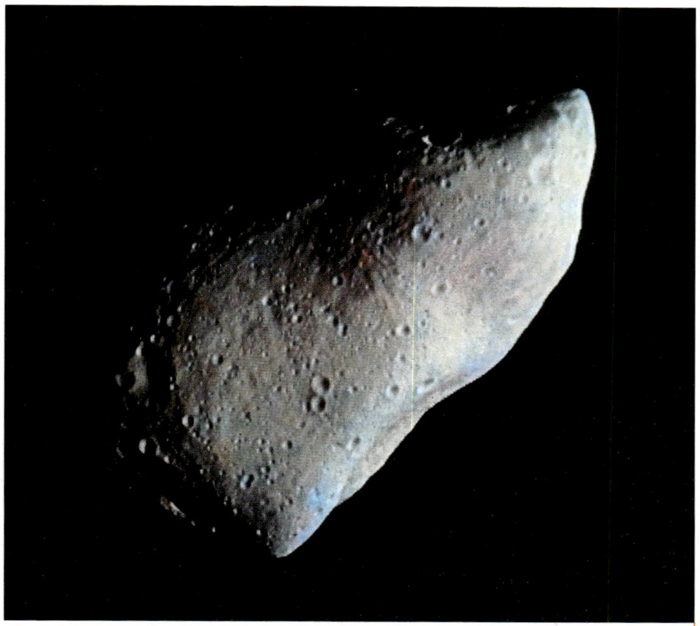

L'astéroïde Gaspra, photographié par la sonde Galileo, mesure 20 km dans sa plus grande longueur.

ÉTONNANT !

Les étoiles filantes sont des fragments d'astéroïdes

Sillonnant le Système solaire dans tous les sens, ces multiples particules que sont les météorites sont pour leur grande majorité issues de la Ceinture principale des astéroïdes. On peut les observer quand elles pénètrent et brûlent dans l'atmosphère terrestre : on les appelle alors « étoiles filantes » ou météores.

L'astéroïde qui a creusé le Meteor Crater en heurtant la Terre mesurait environ 500 m de diamètre.

Jupiter et ses satellites

Jupiter, avec son cortège de plus de 60 satellites, apparaît sur de nombreuses photos comme un minisystème solaire. Cette énorme boule de gaz est plus massive que toutes les autres planètes du Système solaire réunies.

Une planète géante

Avec une masse de 318 fois celle de la Terre et un volume pouvant contenir 1 310 Terres, Jupiter est la plus grosse planète du Système solaire. Son influence est telle que son voisinage perturbe le mouvement des autres planètes ainsi que celles des comètes. Jupiter tourne autour du Soleil à un peu plus de 5 fois la distance Soleil-Terre. C'est une planète géante gazeuse, dont seul le noyau se compose de roche à l'état solide ou liquide.

Une atmosphère très turbulente

Cyclones, anticyclones, vents violents de plusieurs centaines de kilomètres-heure créent dans les hautes couches de l'atmosphère de Jupiter de nombreux tourbillons gazeux. La Grande Tache rouge est ainsi un cyclone, actif depuis au moins 300 ans (on l'observe depuis tout ce temps) et assez grand pour contenir la Terre.
D'autres perturbations, comme les Ovales blancs ou les bandes claires et sombres parallèles à l'équateur, sont bien visibles depuis la Terre.

Un ballet de satellites

L'existence des 4 principaux satellites de Jupiter (Io, Europe, Ganymède et Callisto) est connue depuis plusieurs siècles.
Grâce aux sondes Voyager et Pioneer, on connaît aussi aujourd'hui l'aspect de leur surface : leur composition chimique différente et leur éloignement plus ou moins grand par rapport à l'influence de Jupiter les rendent très différents les uns des autres.
Europe ressemble à une boule de billard de 3 000 km de diamètre, couverte d'un immense océan de glace. Ganymède, plus grosse que Mercure, est toute ridée, Callisto est criblée de cratères.

Des éruptions volcaniques permanentes agitent Io. À ce jour, on a dénombré 63 satellites de Jupiter. Les plus petits sont sans doute de gros astéroïdes, de simples blocs de roche, capturés par l'énorme force d'attraction de la planète.

Jupiter a des anneaux

On a longtemps cru que Saturne était la seule planète du Système solaire à posséder des anneaux. Il n'en est rien : toutes les planètes géantes ont des anneaux. Invisibles depuis la Terre, ceux de Jupiter sont diffus et transparents. Composés essentiellement de fines particules de poussières, ils ne comportent quasiment pas de glace.

Photomontage de l'énorme planète et de ses quatre plus gros satellites : de gauche à droite, Callisto, Ganymède, Europe et Io.

ÉTONNANT !

L'enfer se trouve sur Io

Io, recouverte de lave sulfureuse, présente un sol rougeâtre, boursouflé de dômes et de cratères en activité. Ses geysers de gaz peuvent monter jusqu'à 160 km de hauteur.

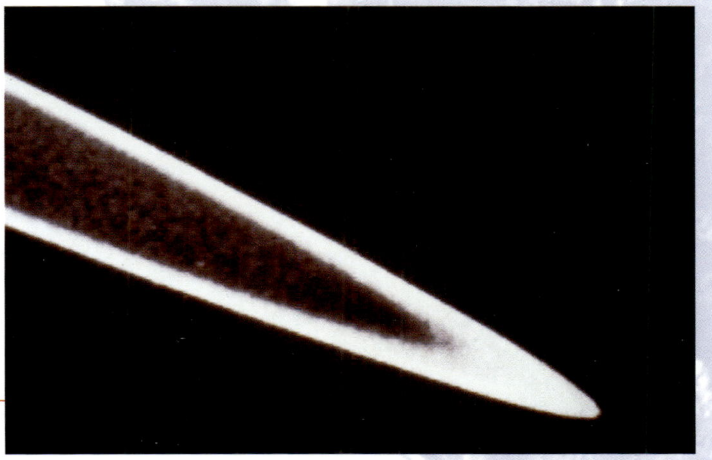

Les anneaux de Jupiter vus par la sonde Voyager. Ils sont beaucoup plus minces que ceux de Saturne.

Saturne et ses anneaux

Saturne est la « perle » du Système solaire. Son ensemble d'anneaux bien visibles depuis la Terre en font la planète la plus spectaculaire à observer, même avec de modestes instruments d'amateur.

Des anneaux par milliers

Le disque que forment les anneaux de Saturne a un diamètre de plus de 500 000 km, mais même pas 1 km d'épaisseur. À notre échelle, ils seraient plusieurs milliers de fois plus fins qu'une lame de rasoir ! Constitués d'une infinité de petits blocs de glace et de poussière, ils diffusent la lumière du Soleil sur toute leur étendue, ce qui les rend particulièrement brillants et visibles. La taille de ces blocs varie de 1 cm à une dizaine de mètres. L'ensemble se répartit en 7 anneaux principaux séparés par des zones plus ou moins vides. Les sondes Voyager, qui ont approché les anneaux, nous ont révélé une structure ressemblant aux microsillons d'un vieux disque 33 tours.

Une planète aplatie

Saturne est une planète géante gazeuse, d'un diamètre de 120 000 km. Sa rotation rapide lui donne la forme d'une boule 30 fois plus aplatie que la Terre. Les vents y soufflent à près de 200 km/h : ils mettent seulement 10 heures à parcourir les 18 000 km de la circonférence à l'équateur. On a découvert à la surface de Saturne une tache brillante semblable à la Grande Tache rouge de Jupiter : il s'agit d'un gigantesque ouragan permanent. Presque aussi grosse que Jupiter, Saturne est pourtant la planète la moins dense du Système solaire : si l'on pouvait la plonger dans un immense océan, elle y flotterait.

Un cortège de satellites

47 satellites entourent la planète géante. Le plus gros, Titan, a la même taille que Mercure : 5 000 km de diamètre. Les plus petits se présentent comme des blocs de glace irréguliers. Les plus lointains sont certainement des astéroïdes capturés par la planète.

Les anneaux de Saturne, comme ceux des autres planètes géantes, sont une concentration de blocs de glace.

Les photos prises par la sonde Voyager sont les plus belles que l'on ait de la planète et de ses anneaux.

ÉTONNANT !

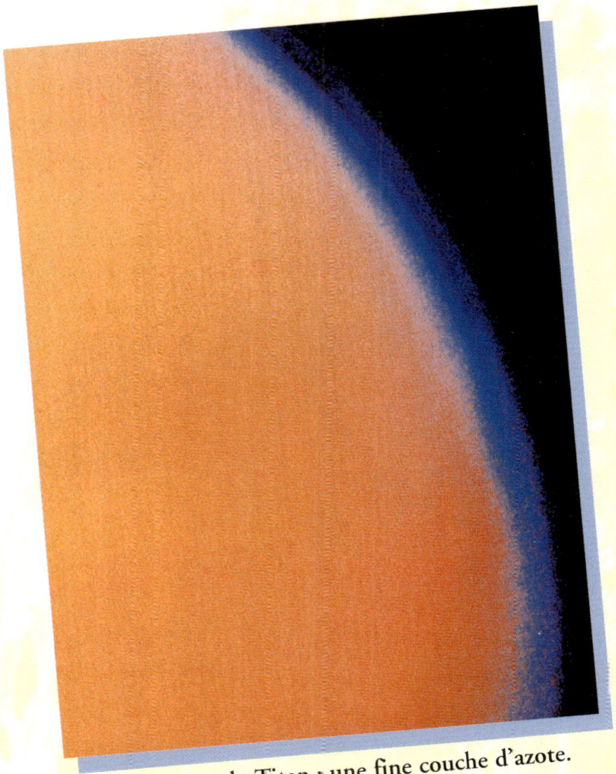

L'atmosphère de Titan : une fine couche d'azote.

De la vie sur Titan ?

Titan est le seul corps du Système solaire à posséder une atmosphère dense semblable à celle de la Terre. L'abondance d'azote (plus de 90 %) dans cette atmosphère, l'absence d'eau liquide sur la planète et une température au sol de –180 °C font de Titan un véritable laboratoire de chimie naturel, qui nous permettra de répondre à plusieurs questions au sujet de l'apparition de la vie. Peut-il y avoir de la vie sans eau liquide ? L'azote peut-il remplacer l'eau liquide ? La sonde Cassini-Huygens, lancée en octobre 1997 afin d'étudier cela de plus près, atteindra Titan en 2004.

Uranus et Neptune

Uranus et Neptune font partie de la famille des planètes géantes. Semblables par leur taille et par leur composition, ces deux planètes possèdent aussi leurs propres systèmes d'anneaux qui les entourent.

Sur cette vue de Neptune prise par la sonde Voyager-2, on distingue bien des arcs lumineux au niveau des anneaux.

Deux planètes sœurs

Située à presque 20 fois la distance Terre-Soleil, Uranus est une boule d'hydrogène et d'hélium de couleur bleu-gris, avec une forte proportion de méthane. Quinze fois plus massive que la Terre et d'un diamètre de 50 000 km, Neptune se situe à 30 fois la distance Terre-Soleil. À cette distance, la planète reçoit 1 000 fois moins de lumière solaire que la Terre. Neptune ressemble beaucoup à Uranus par sa couleur bleutée, due au méthane gazeux, et par ses dimensions.

Les anneaux d'Uranus

Uranus est entourée d'un système de 9 anneaux concentriques très fins, composés de fragments de roche sombres de 1 à 10 cm de diamètre, de glace et de poussière.
De tous ces anneaux, le plus lointain, situé à 50 000 km de la planète, est aussi le plus brillant et le plus large. Uranus possède 27 satellites naturels.

La Grande Tache sombre de Neptune

Les nuages d'Uranus, composés des mêmes gaz que la planète elle-même, sont répartis en bandes concentriques autour des pôles. Ceux de Neptune sont beaucoup plus variés et agités. Une grande tache sombre, aussi grande que la Terre, glisse d'est en ouest, près de l'équateur, à la vitesse folle de 1 000 km/h. C'est un ouragan géant. De longs nuages argentés, des cirrus, projettent également leur ombre à 50 km au-dessus des nuages, situés plus bas dans l'atmosphère.

Les arcs de Neptune

Neptune possède trois anneaux principaux, étroits et nettement moins lumineux que ceux de Saturne, ainsi que quelques anneaux un peu plus étalés et encore moins brillants. La répartition inégale de la matière et son accumulation à certains endroits du troisième anneau principal donnent l'impression que Neptune est entourée d'arcs en pointillés. 13 satellites entourent Neptune dont le plus gros, Triton, possède, comme Titan et la Terre, une atmosphère riche en azote.

Triton, le plus gros satellite de Neptune, est entouré d'une atmosphère d'azote.

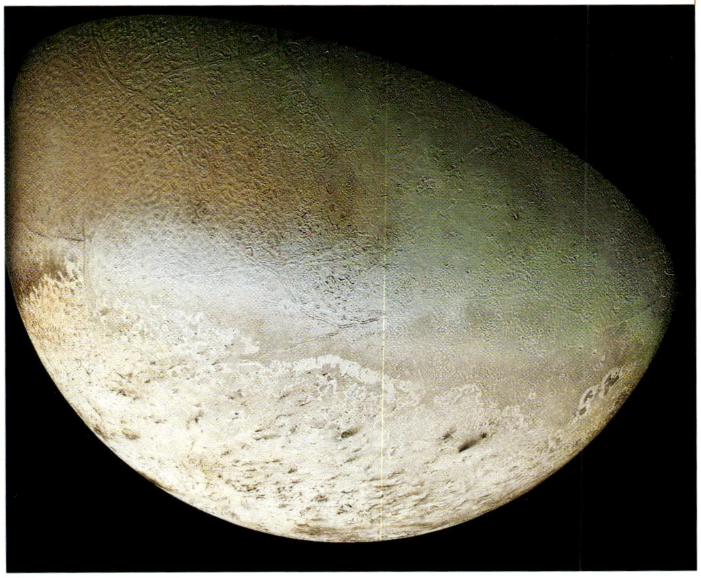

ÉTONNANT !

Uranus par la sonde Voyager-2 (image en fausses couleurs).

Uranus, une roue géante

Contrairement à toutes les autres planètes du Système solaire, qui se déplacent comme des toupies, Uranus voyage sur son orbite comme une roue. Cela est probablement dû à une importante collision au moment de sa formation. Son axe de rotation est couché sur l'orbite, comme l'essieu d'une roue parallèlement à la route. Ainsi, l'année d'Uranus, qui dure 84 ans, voit la planète présenter au Soleil tantôt l'un de ses pôles, tantôt son équateur.

Pluton et la ceinture de Kuiper

La présence d'une neuvième planète avait été prévue dès 1914 par des calculs fondés sur la loi de gravitation de Newton. Pourtant, Pluton n'a été découverte aux confins du Système solaire qu'en 1930, grâce à la photographie. Son statut de planète a été tout récemment remis en cause par les astronomes.

Qui est la plus lointaine ?

En orbite autour du Soleil à la distance moyenne de 40 fois la distance Soleil-Terre, Pluton dispute avec Neptune le privilège d'être la planète la plus lointaine du Système solaire. On pourrait croire que Pluton est la plus éloignée puisqu'elle a besoin de 250 ans pour faire un tour complet autour du Soleil, alors que Neptune tourne en 165 ans seulement.

Une orbite excentrique

Mais, comme son orbite est très aplatie, Pluton s'approche, puis s'éloigne du Soleil de façon importante au cours de son tour complet. La distance Soleil-Pluton varie de 29 à 49 fois de la distance Soleil-Terre (contre 30 fois pour Neptune). On pourrait penser que, dans ses grands déplacements, Pluton risque d'entrer en collision avec Neptune. Heureusement il n'en est rien, car les deux planètes ne sont pas dans le même plan !

Pluton est la planète qui s'éloigne le plus du Soleil en tournant sur son orbite allongée.

Pluton et son satellite, Charon, photographiés avec le télescope CFHT (Mauna Kea, Hawaii).

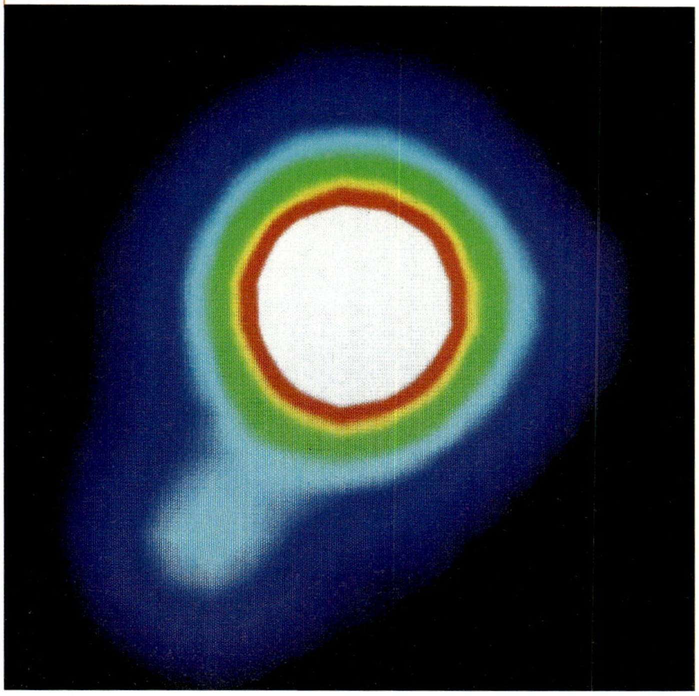

L'orbite décentrée de Pluton (en vert) passe à l'intérieur de celle de Neptune quand la planète se rapproche du Soleil. Au-delà de l'orbite de Neptune : la ceinture de Kuiper.

Pluton-Charon : une grosse haltère

Avec un diamètre de 2 300 km, Pluton est la plus petite des planètes du Système solaire (Mercure est deux fois plus grande). Pourtant, on a découvert, en 1978, que Pluton était accompagnée d'un gros satellite, Charon, mesurant 1 200 km de diamètre et en orbite à 20 000 km de la planète. Fait unique dans le Système solaire, Pluton et Charon tournent en se faisant face comme une grosse haltère en seulement 6 jours et 10 heures.

La ceinture de Kuiper

On pense aujourd'hui que Pluton n'est pas une véritable planète. Les astronomes penchent plus pour l'idée que le couple Pluton-Charon ne serait rien d'autre que le plus gros et le plus lumineux des corps célestes qui tournent en orbite au-delà de Neptune. C'est l'astronome Kuiper qui a supposé le premier, dès 1951, la présence de ces corps célestes, dans une vaste ceinture située au-delà de Neptune. On pense qu'il s'agit du réservoir des comètes qui reviennent souvent vers le Soleil.

35 000 blocs à la dérive

Depuis 1992, une trentaine de corps de plus d'une centaine de kilomètres de diamètre ont pu être identifiés dans cette zone, s'étendant de l'orbite de Neptune jusqu'à 500 à 1 000 fois la distance Soleil-Terre. La ceinture contiendrait plus de 35 000 objets d'un diamètre supérieur à 100 km, soit plusieurs centaines de fois la masse totale de la ceinture principale d'astéroïdes située entre Mars et Jupiter.

ÉTONNANT !

Pluton aussi possède son atmosphère !

En observant de façon très précise le passage de Pluton devant une étoile, on a découvert que Pluton était entourée d'une atmosphère ténue de méthane, possédant au moins deux couches de températures différentes. La brillance du sol de Pluton indique que la planète est probablement recouverte de méthane gelé, surmontant un manteau de glaces et un noyau composé de roches.

Les comètes et le nuage de Oort

De temps en temps, une comète s'approche du Soleil, allongeant derrière elle sa traîne lumineuse. Puis elle repart. Certaines restent piégées par l'attraction du Soleil et reviennent périodiquement nous voir. D'autres s'approchent un peu trop d'une autre étoile et sont captées par son attraction : elles ne reviendront jamais vers le Soleil.

Les fragments de la comète Shoemaker-Levy-9 heurtant Jupiter (1994). Le point brillant en haut à gauche est le satellite Io.

Le noyau d'une comète est un gros bloc de glace et de poussière.

La comète de Halley, photographiée par la sonde Giotto, le 9 décembre 1985.

Des réservoirs à comètes

Les comètes à courte période, qui mettent moins d'une centaine d'années à revenir vers le Soleil, se regroupent en une sorte d'anneau situé à 50 fois la distance Terre-Soleil. Cette zone du Système solaire porte le nom de son découvreur : on l'appelle la ceinture de Kuiper. On pense que les comètes à longue période, qui mettent plusieurs centaines d'années à boucler leur immense orbite, se regroupent quant à elles dans un « réservoir » situé beaucoup plus loin : à 100 000 fois la distance Terre-Soleil. On suppose qu'il se présente sous la forme d'un immense nuage sphérique, appelé nuage de Oort, entourant de toutes parts le Système solaire, à mi-chemin entre le Soleil et les étoiles les plus proches.

Un nuage invisible

Bien que personne n'ait jamais vu cet immense réservoir à comètes, son existence a été déduite de l'observation des orbites des comètes à longue période par l'astronome hollandais Jan Oort en 1950. Il est quasiment impossible d'observer un tel nuage. Il est composé de plusieurs milliers de milliards de comètes, ce qui représente une masse énorme. Mais ces comètes sont si dispersées dans un espace si grand que la distance moyenne entre deux comètes est de plusieurs dizaines de millions de kilomètres. C'est donc un réservoir de comètes bien dilué qui nous entoure : on pourrait le traverser sans jamais en croiser une seule !

Des boules de neige sale

D'une taille variant de quelques kilomètres à quelques dizaines de kilomètres, les comètes sont des blocs irréguliers de plusieurs dizaines de milliards de tonnes de glace emprisonnant des poussières et des poches de gaz. Gravitant sur des orbites très allongées, les comètes sont amenées à se rapprocher périodiquement du Soleil. En chauffant, la glace se transforme alors en gaz et crée une atmosphère autour du noyau de la comète. Gaz et poussières sont ensuite repoussés par la lumière et le vent solaire, formant une chevelure, qui s'étend sur 20 000 à 200 000 km, et une queue qui s'allonge sur des millions de kilomètres à l'opposé du Soleil.

ÉTONNANT !

Des nids de vie ?

Témoins de la formation du Système solaire, les comètes contiennent majoritairement de l'eau, du monoxyde et du dioxyde de carbone (du gaz carbonique) ainsi que du méthanol. Chose étonnante, plusieurs des molécules (groupements d'atomes) récemment découvertes dans les comètes constituent les tout premiers éléments chimiques qui aboutissent à la vie. Plus les observations se font précises, plus on découvre des molécules complexes. On s'attend même à trouver un jour, au sein des comètes, des acides aminés : les premiers éléments de la vie telle que nous la connaissons sur la Terre. Certains scientifiques pensent que ce sont les comètes qui, en percutant la Terre, y ont apporté la vie.

Étoiles filantes et météorites

De multiples particules rocheuses, toutes petites, parfois de simples poussières, sillonnent le Système solaire. Certaines d'entre elles croisent l'orbite de la Terre et entrent à toute vitesse dans notre atmosphère. On estime que la Terre s'alourdit ainsi de plusieurs milliers de tonnes par jour.

Les étoiles filantes

Quand une particule pénètre dans l'atmosphère terrestre, l'échauffement causé par sa grande vitesse (de 10 000 à 100 000 km/h) la fait s'enflammer. Elle n'est alors qu'à 80 km du sol. Elle devient visible à l'œil nu, sous la forme d'une traînée lumineuse : c'est une étoile filante. En moyenne, un observateur attentif peut voir entre 4 et 10 étoiles filantes par heure. Certaines particules sont regroupées en essaims donnant lieu à de véritables pluies d'étoiles filantes.

Les météorites

Les résidus de particules qui ne se sont pas complètement consumés au contact de l'air tombent sur le sol terrestre. C'est ce que l'on appelle les météorites. On ne peut distinguer les plus minuscules, les micrométéorites, que sur les banquises polaires : elles sont si petites qu'on ne les voit que sur la neige ou la glace, grâce à leur couleur sombre. On trouve un peu partout les plus grosses, les aérolithes ou sidérolithes, de nature pierreuse ou ferreuse. À l'exception des roches lunaires rapportées sur la Terre par les missions Apollo, les météorites sont aujourd'hui les seuls corps cosmiques qu'on puisse étudier dans les laboratoires terrestres.

Certaines nuits d'août, on peut observer des pluies d'étoiles filantes : les Perséides.

Des témoins de la formation du Système solaire

Certaines météorites viennent tout droit de la nébuleuse primitive qui a donné naissance au Soleil et aux planètes. Leur étude permet ainsi de connaître la composition chimique et l'âge de notre Système solaire. D'autres météorites, formées dans des conditions de haute pression et de température élevée, faisaient autrefois partie de corps de grande taille (planètes en formation, comètes, astéroïdes) dont elles se sont détachées. L'âge des météorites est estimé entre quelques centaines de millions et quelques milliards d'années.

ÉTONNANT !

Une météorite ferreuse.

Chercheurs de météorites

De véritables passionnés sillonnent la planète à la recherche des « cailloux tombés du ciel ». Comme les chercheurs de trésors, ils se documentent, montent des expéditions, passent des jours entiers à scruter le sol. Rien d'étonnant lorsqu'on sait que ces petits blocs rocheux, tombés tout droit de l'espace, sont les derniers témoins de la formation de notre Système solaire !

Le Meteor Crater (Arizona, États-Unis) montre l'emplacement de la chute d'une grosse météorite, il y a environ 25 000 à 50 000 ans. Le diamètre du cratère est de 1 200 m et sa profondeur atteint 170 m.

D'autres vies dans l'Univers ?

Sommes-nous seuls dans l'Univers ? À cette question que se posent de nombreuses personnes, les scientifiques tentent d'apporter des réponses précises et rationnelles. Repérer les lieux propices à l'apparition de la vie et y rechercher des traces de vie : tel est le programme de recherches poursuivi par les astronomes d'aujourd'hui.

Définir la vie comme ci…

Définir la vie n'est pas simple. Certains diront que la vie est caractérisée par sa capacité à se reproduire : une plante produit des graines qui donnent naissance à une deuxième génération de la même plante. Les animaux et l'homme ont des petits. D'autres disent que ce qui caractérise la vie, c'est la capacité à s'adapter à son environnement : une plante située dans une zone très sèche a tendance à avoir des racines plus longues pour puiser de l'eau plus profondément dans le sol.

… ou la définir comme ça

D'autres, enfin, diront que la vie est caractérisée par un haut degré de complexité : un caillou est un simple ensemble d'atomes qui peut juste se casser, se réchauffer ou se refroidir en fonction des conditions extérieures dans lesquelles il se trouve. Au contraire, même la plus petite plante est un ensemble de cellules variées, capable de puiser sa nourriture, de la transformer pour se développer, de grandir, de vieillir, de se reproduire…

Seule la Terre réunit, à notre connaissance, les conditions nécessaires à l'existence de ce paisible animal, de l'homme, des plantes vertes, des poissons rouges, des moustiques…

Une chose est sûre : les cellules sont les éléments de base qui composent la vie telle que nous la connaissons sur la planète Terre. En revanche, les biologistes ne considèrent pas que les atomes et les molécules qui composent ces cellules soient eux-mêmes « vivants ».

Les conditions nécessaires à la vie

Au moins trois conditions semblent nécessaires pour que naissent des cellules. La température ne doit être ni trop chaude ni trop froide. Si elle est trop élevée, les molécules sont immédiatement détruites. Si elle est trop basse, les atomes et les molécules ne bougent presque plus et ne peuvent pas s'assembler. L'eau doit être présente sous sa forme liquide pour que les réactions chimiques puissent avoir lieu. Les rayons émis par le Soleil (ou l'étoile autour de laquelle tourne la planète) doivent être correctement filtrés par l'atmosphère. S'ils ne sont pas assez filtrés, les rayons dangereux, ultraviolets et rayons X, tuent les organismes vivants. Mais, s'ils sont trop filtrés, certains organismes ne peuvent pas se développer, car ils manquent de lumière.

Les origines de la vie

La question de l'origine de la vie sur la Terre reste toujours une énigme pour les astronomes et les biologistes. Même en reproduisant en laboratoire les conditions qui régnaient sur la Terre lors de sa formation et en mettant ensemble les mêmes substances chimiques (ammoniac, eau, hydrogène et méthane), nous n'arrivons pas à faire naître des cellules. Nous ne savons toujours pas si la vie est apparue « naturellement » sur la Terre, ou si elle provient d'un autre endroit de l'espace, ce qui ne ferait que repousser la question de l'origine sans vraiment la résoudre.

ÉTONNANT !

La formule de Drake

Dans les années 1960, l'astronome Frank Drake a inventé une formule mathématique très spéciale. Cette formule permet de calculer le nombre de civilisations présentes dans notre galaxie avec lesquelles nous pourrions communiquer. Elle tient compte du nombre d'étoiles qui se sont formées pendant la durée de vie de ces civilisations. Elle tient compte aussi des probabilités qu'il y ait des planètes autour de ces étoiles, que ces planètes soient habitables, qu'elles aient vu apparaître la vie, que l'évolution ait produit des espèces intelligentes et que certaines de ces espèces aient inventé une technologie analogue à la nôtre. À ce jour, nous ne connaissons toujours pas le résultat de ce calcul.

La vie sur Terre prend des formes incroyablement variées. On a récemment trouvé de bien curieux organismes en forme de tube, près des sources chaudes du fond des océans.

Où trouver d'autres formes de vie ?

Pour le moment, les seuls lieux de notre Système solaire où la vie pourrait exister ou avoir existé (en dehors de la Terre) sont rares : il s'agit de Mars, d'Europe et de Titan. Mais qu'en est-il de ce qui se passe au-delà ? N'y a-t-il pas d'autres formes de vie possibles que nous ignorons encore complètement ?

Mars

Les images que les différentes sondes nous ont rapportées de Mars nous montrent clairement des lits de rivières asséchés. L'eau y a existé sous sa forme liquide il y a 3,5 milliards d'années, et a pu y subsister localement jusqu'à il y a 500 millions d'années environ. Cependant, les analyses biologiques réalisées par les sondes Viking dans les années 1970 n'ont pas montré la présence de vie sur Mars. Même si la surface de la planète est actuellement plus sèche que le plus sec de nos déserts, on espère y découvrir un jour en profondeur des fossiles de vie primitive datant de la période chaude et humide de Mars. On a bien trouvé, en 1976, dans une vallée sèche de l'Antarctique, des micro-organismes vivant à la température incroyablement basse de – 20 °C !

Europe

Satellite de Jupiter, Europe est un bloc rocheux recouvert d'une épaisse couche de glace. Les images de sa surface nous ont révélé de nombreuses cassures qui pourraient indiquer la présence d'un océan liquide sous la glace. Sur la Terre, nous avons récemment découvert de nombreuses formes de vie originales qui se sont développées au fond des océans, près des sources d'eau chaude. Rien n'empêche de penser que des formes de vie primitives se soient également développées dans l'océan sous les glaces d'Europe. Pour les découvrir, il faudra aller voir sur place, creuser la glace et y plonger un robot sous-marin.

La surface d'Europe est couverte de glace. Un océan situé en dessous abriterait-il de la vie ?

Ce paysage de Mars semble avoir été raviné par le passage d'une rivière.

Titan

Titan est le principal satellite de Saturne, aussi gros que la planète Mercure. C'est le seul corps du Système solaire à posséder une atmosphère assez semblable à celle de la Terre, bien que sa température soit beaucoup plus froide (– 180 °C). La sonde Cassini-Huygens, lancée en 1997, nous donnera en 2004 des analyses précises de cette atmosphère, composée surtout d'azote et de méthane. En l'analysant depuis la Terre, on y a déjà découvert des traces de composants nécessaires à la vie (carbone, azote et oxygène), ainsi que de la vapeur d'eau. L'étude de Titan nous permettra de mieux comprendre l'influence de l'eau liquide sur l'apparition de la vie.

Au-delà du Système solaire

Pourquoi limiter à notre seul Système solaire la recherche des lieux où la vie pourrait ou aurait pu se développer ? Depuis 1995, nous savons de façon presque certaine que d'autres planètes tournent autour d'autres étoiles que le Soleil.
Seules les planètes géantes, semblables à Jupiter, sont à la portée de nos instruments actuels. L'observation des petites planètes solides, de type terrestre, sera possible grâce aux projets spatiaux aujourd'hui à l'étude et qui devraient voir le jour dans les années 2010-2020, comme le projet Darwin de l'Agence spatiale européenne. La détection de l'ozone et de l'oxygène dans leur atmosphère signifierait la possibilité de présence de vie.

D'autres formes de vie

Nous ne connaissons qu'une forme de vie : la nôtre. Mais rien ne dit qu'elle soit la seule possible. D'autres manifestations de la vie nécessitent peut-être des composants et des conditions totalement différents, que nous n'imaginons même pas aujourd'hui. La question de la vie dans l'Univers est donc bien loin d'avoir trouvé une réponse.

Elles scintillent comme des poussières dorées dans le paisible ciel nocturne. En réalité, ce sont de gigantesques fournaises. Leur cœur est une monumentale centrale à fusion nucléaire. La température de certaines avoisine les 40 000°C.

Les étoiles

Au-delà du Système solaire...

Le Soleil est une petite étoile comme il en existe des milliards de milliards dans l'Univers. Pour rencontrer une autre étoile, même la plus proche, il faut sortir du Système solaire et parcourir une distance de 4 années-lumière !

Fantomatique dans ses voiles bleus, Neptune monte la garde aux confins du Système solaire.

Où s'arrête le système solaire ?

La Terre, par sa force d'attraction, retient la Lune en orbite autour d'elle. De la même manière, mais avec une force d'attraction beaucoup plus importante, le Soleil retient toute une série de planètes, dont la Terre. Entre les planètes, du gaz, de la poussière et des petits blocs de roche, les astéroïdes, les comètes, tournent également autour du Soleil. Mais plus on s'éloigne, moins l'attraction du Soleil se fait sentir : les derniers objets retenus sont des comètes, groupées dans le nuage de Oort. Au-delà, on sort du Système solaire.

Le « voisinage »

Imaginons que nous quittions le système solaire à bord d'une fusée pouvant aller aussi vite que la lumière. Bien sûr, c'est impossible, mais même si nous pouvions voyager à cette vitesse, il faudrait plus de 4 ans avant de rencontrer la première étoile. Elle s'appelle *Proxima Centauri*. C'est une étoile peu brillante de la constellation du Centaure. *Proxima* signifie « la plus proche » en latin. Contrairement à ce que l'on peut penser en regardant le ciel nocturne, les étoiles sont donc très éloignées les unes des autres. Mais l'espace qui les sépare n'est pas vide. Au cours de notre voyage, nous rencontrerions des nuages de gaz et de poussières. Notre Soleil (et la Terre) baignent ainsi dans une bulle de gaz appelée le Nuage local et mesurant quelques dizaines d'années-lumière.

Et encore plus loin ?

Au-delà de l'étoile la plus proche, au bout d'une quinzaine d'années de voyage et en envoyant des fusées dans toutes les directions à partir du Soleil, nous n'aurions rencontré qu'une trentaine d'étoiles. Or, il y en a près de 100 milliards dans notre Galaxie. En continuant encore le voyage au-delà de la Voie lactée, nous traverserions des milliards de galaxies. Le Système solaire est, en fait, un point minuscule perdu dans l'Univers.

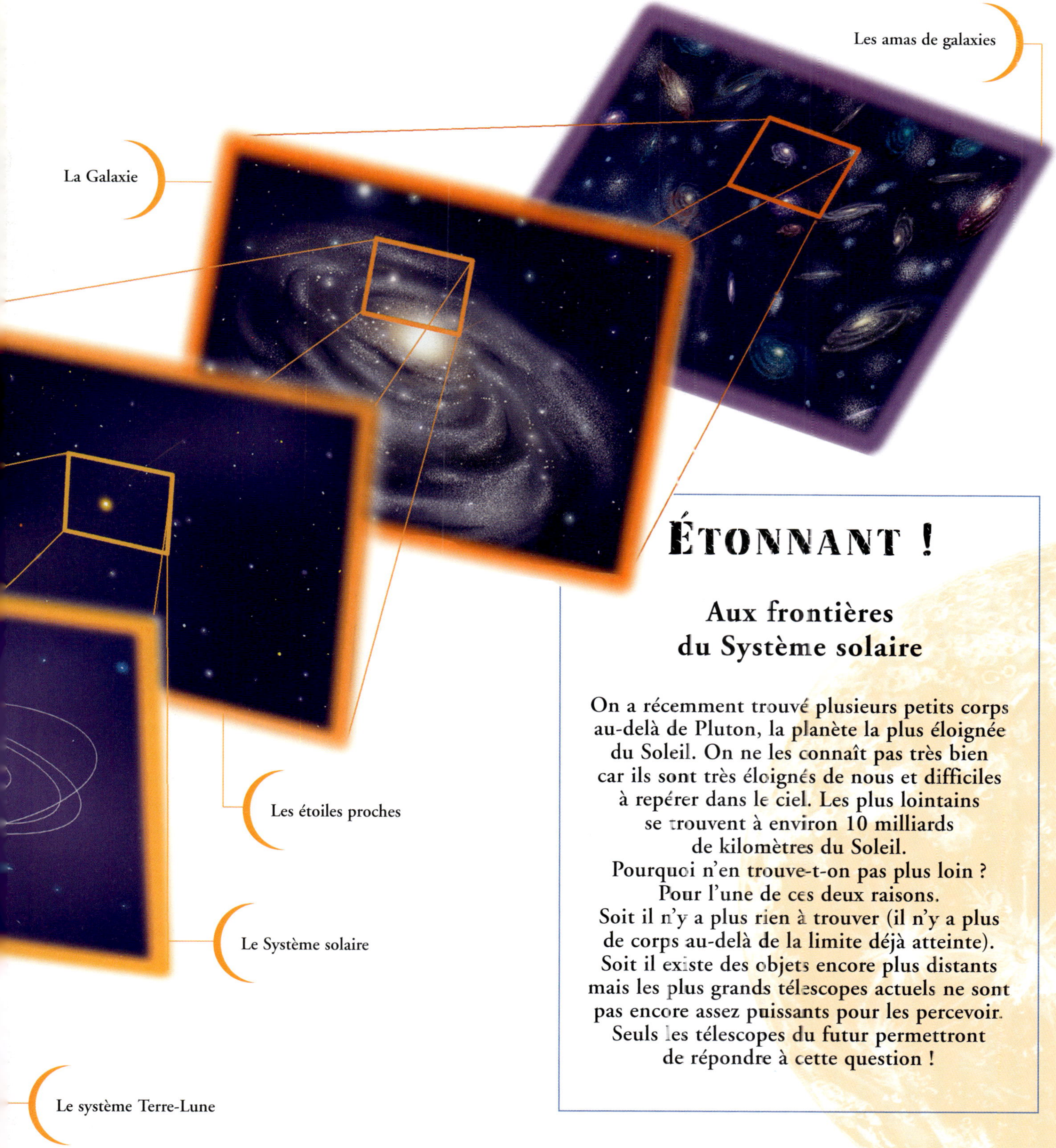

ÉTONNANT !

Aux frontières du Système solaire

On a récemment trouvé plusieurs petits corps au-delà de Pluton, la planète la plus éloignée du Soleil. On ne les connaît pas très bien car ils sont très éloignés de nous et difficiles à repérer dans le ciel. Les plus lointains se trouvent à environ 10 milliards de kilomètres du Soleil.
Pourquoi n'en trouve-t-on pas plus loin ? Pour l'une de ces deux raisons.
Soit il n'y a plus rien à trouver (il n'y a plus de corps au-delà de la limite déjà atteinte).
Soit il existe des objets encore plus distants mais les plus grands télescopes actuels ne sont pas encore assez puissants pour les percevoir.
Seuls les télescopes du futur permettront de répondre à cette question !

Qu'est-ce qu'une étoile ?

Une étoile est une gigantesque usine nucléaire qui produit de la lumière. Nous connaissons bien l'une d'entre elles, proche de nous : le Soleil.

Les étoiles brillent

La principale différence entre une étoile et une planète est que l'étoile produit elle-même sa lumière. Au contraire, on ne voit les planètes, la Lune, les comètes que parce qu'elles réfléchissent la lumière du Soleil, un peu comme un miroir renvoie la lumière d'une bougie. Si le Soleil ne les éclairait plus (la bougie s'est éteinte), on ne verrait plus les planètes !

Des milliards d'étoiles

Des étoiles comme le Soleil, il en existe des milliards de milliards dans l'Univers. Elles brillent toutes comme lui, mais on ne peut les voir que la nuit. En effet, le Soleil est si proche de nous que, lorsqu'il est présent, le jour, il nous éblouit au point de nous empêcher de voir les autres étoiles.

À quoi ressemble une étoile ?

Une étoile est une gigantesque boule de gaz des centaines de fois plus grande que la Terre et des millions de fois plus massive. Elle tourne sur elle-même plus ou moins rapidement et produit une lumière intense. La température de sa surface atteint plusieurs milliers de degrés.
Mais les étoiles présentent aussi des différences. Il y en a des grosses, des petites, des rouges, des bleues...

D'où vient la lumière des étoiles ?

Les étoiles brillent car la matière qui les compose est excessivement comprimée dans leur centre, que l'on appelle le cœur de l'étoile. La chaleur du cœur atteint plusieurs millions de degrés. À ces températures, des réactions nucléaires se produisent, dégageant de formidables quantités d'énergie. Cette énergie est ensuite évacuée du cœur de l'étoile vers sa surface sous forme de lumière.

Des usines nucléaires

Les réactions nucléaires qui se produisent au cœur des étoiles font s'agglomérer des atomes : on dit qu'ils fusionnent. Ainsi, dans la plupart des étoiles, les noyaux d'atomes d'hydrogène fusionnent pour composer des noyaux d'atomes d'hélium. Les étoiles sont donc de gigantesques usines nucléaires fabriquant des atomes de plus en plus complexes.

L'amas globulaire du Toucan est une association d'une centaine de milliers d'étoiles. Bien que situé à 20 000 années-lumière de nous, il est brillant et facile à observer, de l'hémisphère Sud, dans la direction du Petit Nuage de Magellan.

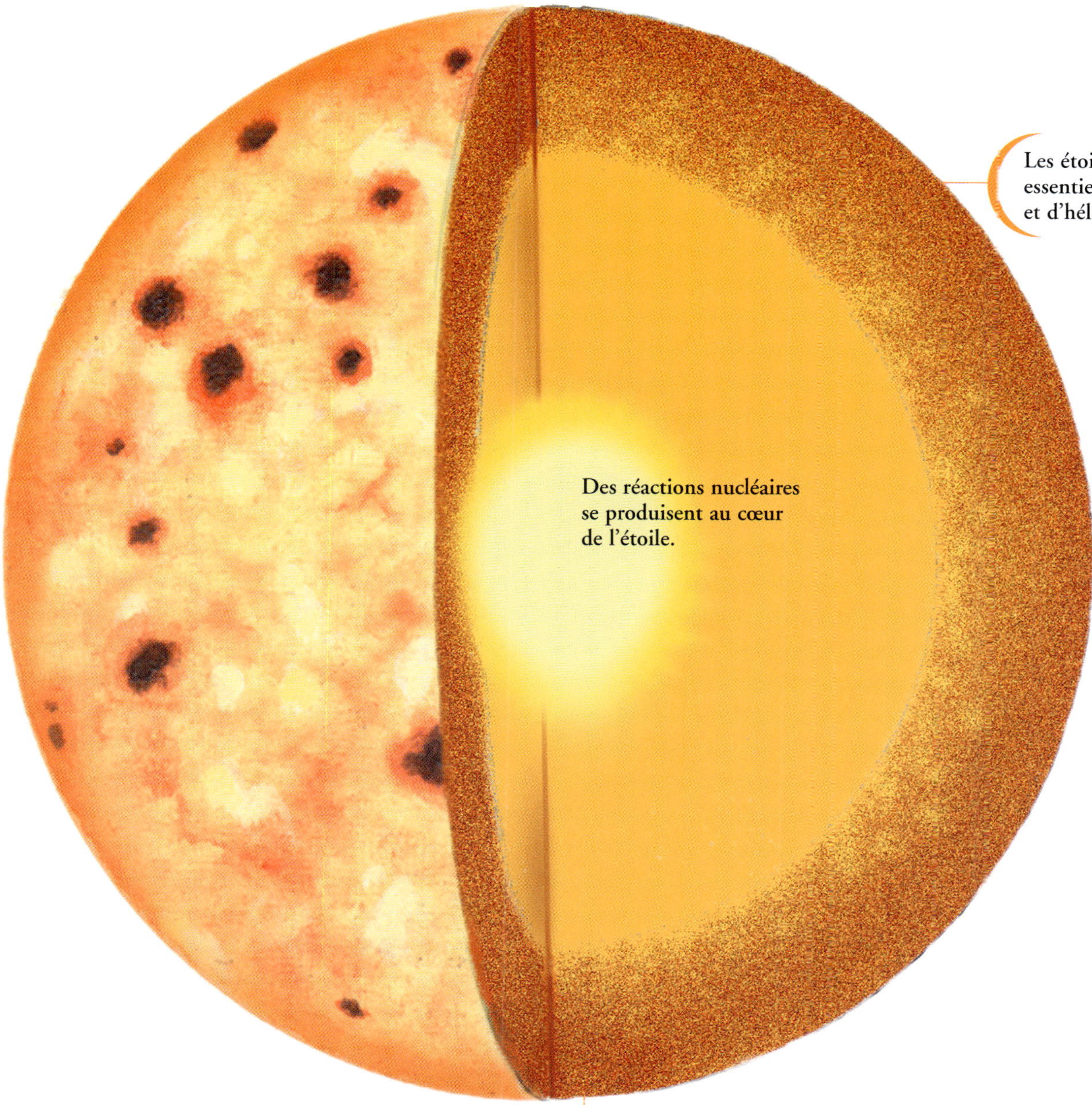

ÉTONNANT !

Des tonnes de... lumière

Chaque seconde, dans le cœur du Soleil,
des millions de tonnes d'hydrogène
se transforment en millions de tonnes
d'hélium. Une toute petite partie de
l'hydrogène
se transforme en énergie qui s'échappe
de la surface du Soleil sous forme de lumière.
C'est avec cette lumière
que le Soleil nous éclaire.

Diverses sortes d'étoiles

De nuit, quand nous levons les yeux, elles nous semblent presque toutes pareilles. Mais les étoiles, dans l'Univers, c'est un peu comme les animaux dans la nature : il y en a de toutes les sortes, des grosses, des petites, de toutes les couleurs, des isolées, des regroupées...

Des étoiles pour tous les goûts

Un point commun réunit toutes les étoiles : elles produisent toutes de l'énergie et de la lumière. Mais leur apparence peut être très diverse. Certaines sont presque un million de fois plus lumineuses que notre Soleil.
D'autres n'émettent qu'un rayonnement beaucoup plus faible. Certaines sont 100 fois plus petites que le Soleil. D'autres 1 000 fois plus grandes. Il existe ainsi des étoiles naines, des géantes et des supergéantes. Enfin, la chaleur de certaines peut atteindre, en surface, plusieurs dizaines de milliers de degrés. De la Terre, on les voit bleutées. D'autres, beaucoup moins chaudes, ne dépassent pas quelques milliers de degrés : elles nous apparaissent alors plutôt rouges.

Les étoiles doubles, triples...

Les étoiles naissent souvent en groupe. Il n'est donc pas surprenant qu'on ait découvert des étoiles jumelles, des triplées... Ainsi, plus de deux étoiles sur trois appartiennent à un système contenant plusieurs étoiles tournant les unes autour des autres. On appelle des étoiles binaires, ou doubles, deux étoiles assez proches tournant l'une autour de l'autre. Il existe des binaires tellement proches qu'on ne les discerne que très difficilement. C'est le cas, par exemple, des binaires à éclipse : à tour de rôle, une étoile passe devant l'autre qui devient alors moins brillante.
L'une de ces binaires, Algol, est connue depuis l'Antiquité. Son nom signifie « monstre » en arabe, car elle est vraiment étrange.
Son éclat diminue fortement tous les trois jours environ.

Les étoiles variables

L'éclat de nombreuses étoiles varie. Il arrive ainsi qu'une étoile très brillante un soir devienne difficile à retrouver le soir suivant ou même seulement quelques heures plus tard. On connaît plusieurs sortes d'étoiles variables. Certaines changent à cause du voisinage d'une autre étoile qui les perturbe, d'autres parce que, régulièrement, elles enflent ou diminuent. On en connaît ainsi dont la brillance varie de manière assez régulière, comme les Céphéides (variation de quelques jours) ou les Miras (variation de quelques mois).

Sur ces clichés, pris par le télescope spatial Hubble à des dates différentes, on distingue bien les variations de brillance d'une Céphéide de la galaxie M 100.

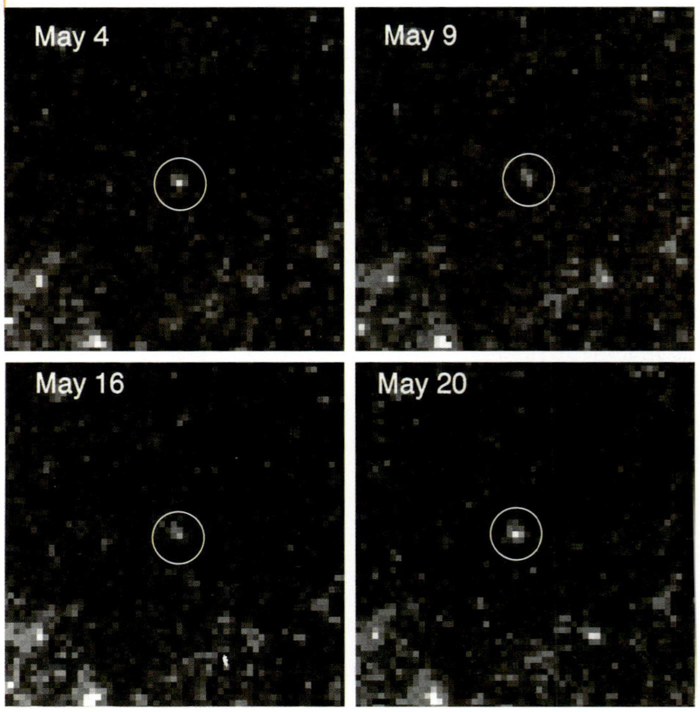

Une binaire à éclipse : l'étoile A tourne autour de l'étoile B (1) ; elle la cache à certaines périodes (2) ; elle est cachée par l'étoile B à d'autres périodes (3).

1

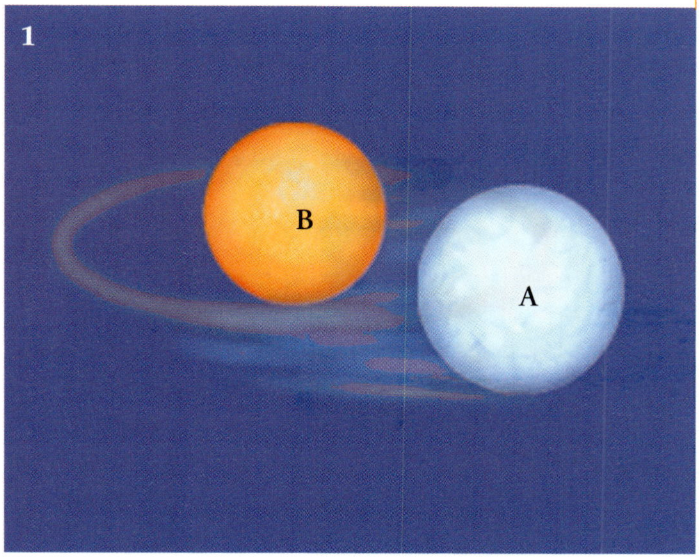

2

3

ÉTONNANT !

David Fabricius découvrit la première étoile variable à l'œil nu. En effet, la lunette astronomique ne fut inventée par Galilée que quelques années plus tard.

Découverte de la première étoile variable

Jusqu'à la fin du XVIe siècle, on ne connaissait pas les étoiles variables. Mais, en août 1596, l'astronome hollandais David Fabricius aperçoit, dans la constellation de la Baleine, une étoile inconnue jusqu'alors. Presque 6 mois après, elle semble avoir disparu mais réapparaît finalement un peu plus tard. Chaque année, cette étoile n'est visible que pendant 6 mois environ. On l'appelle *Mira Ceti*, la Merveilleuse de la Baleine.

Classer les étoiles

Comment s'y retrouver au milieu des milliards de points brillants qui parsèment le ciel ? Comment les reconnaître et les comparer ? Les astronomes ont choisi de répertorier les étoiles suivant leur brillance et leur couleur.

Sirius est l'étoile la plus brillante visible dans l'hémisphère Nord. Elle se situe dans la constellation du Grand Chien.

La constellation d'Orion, bien reconnaissable avec ses « points de suspension », sa grosse étoile rouge, Bételgeuse, et sa grosse étoile bleue, Rigel.

L'éclat des étoiles

Certaines étoiles, comme Sirius, brillent de façon très vive. Mais ce n'est pas forcément parce qu'elles produisent beaucoup plus de lumière que les autres. C'est peut-être parce qu'elles sont plus proches de nous. En revanche, une étoile peut nous apparaître peu brillante, même si elle émet beaucoup de lumière, simplement parce qu'elle est très éloignée de nous. Il se passe la même chose avec une bougie : elle nous éclaire beaucoup mieux lorsqu'on la tient que lorsqu'elle se trouve à plusieurs mètres de nous.

Grâce au satellite Hipparcos, la distance par rapport à nous de près de 120 000 étoiles a pu être mesurée. On en a alors déduit leur luminosité.

Classer les étoiles

Ainsi, pour comparer la quantité de lumière émise par deux étoiles, il faut connaître leur distance par rapport à la Terre. Finalement, on classe les étoiles en trois catégories : d'abord, les plus lumineuses, les supergéantes, dont la luminosité équivaut à 10 000 fois celle du Soleil. Puis viennent les géantes et, enfin, les naines, comme notre Soleil.

La couleur des étoiles

On peut se rendre compte à l'œil nu que toutes les étoiles n'ont pas la même couleur. Depuis l'Antiquité, on sait que certaines étoiles apparaissent bleues, d'autres blanches, jaunes ou rouges. Par exemple, en haut, à gauche du trapèze de la constellation d'Orion, Bételgeuse, l'étoile la plus brillante, est rouge. En bas, à droite, Rigel nous paraît plutôt bleutée.

La température des étoiles

La couleur d'une étoile révèle la température de sa surface. Les astronomes classent aussi les étoiles en fonction de leur température, en leur attribuant une lettre. Cela s'échelonne des étoiles O, les plus chaudes et bleues (plus de 30 000 °C), aux étoiles M, « froides » et rouges (environ 3 000 °C). Il existe 7 catégories portant des lettres différentes (O, B, A, F, G, K, M). Tout récemment, on a détecté des étoiles encore plus froides que les M. On a créé deux nouvelles classes : les L, dont la température de surface est comprise entre 2 000 et 1 300 °C environ ; et les T, qui sont encore plus froides.

Le Soleil : une naine de type G !

La température, à la surface du Soleil, avoisine les 6 000 °C, et sa luminosité paraît faible comparativement à beaucoup d'autres. Le Soleil est donc classé comme une étoile naine de type G. Elle n'aurait vraiment rien de spécial si elle ne se situait à proximité d'une planète qui nous intéresse beaucoup : la Terre.

ÉTONNANT !

Plus c'est chaud, plus c'est bleu

Lorsqu'un forgeron sort un morceau de fer du feu après l'avoir longuement chauffé, celui-ci apparaît plutôt de couleur blanchâtre. Immédiatement après, il se refroidit et devient rouge, puis rouge très foncé, jusqu'à retrouver sa couleur originelle. Il en est de même pour tout ce qui existe : la couleur d'un objet très chaud varie en fonction de sa température. Ainsi, les étoiles les plus chaudes (plus de 10 000 °C en surface) apparaissent plutôt bleutées, comme Rigel ou Véga. Un peu moins chaudes, à l'image de notre Soleil, elles semblent jaunes. Les plus froides (leur surface est tout de même à 3 000 °C environ) apparaissent, comme Bételgeuse ou Antarès, rougeâtres.

Naissance, vie et mort d'une étoile

Rien n'est immuable ni éternel, même pas une étoile qui naît quelque part au sein d'un nuage de gaz, et vit ensuite plutôt tranquillement avant de s'éteindre plus ou moins violemment.

Un nuage qui s'effondre

La vie de la plupart des étoiles commence dans les grands nuages de gaz et de poussières du milieu interstellaire. Au sein de ces « pouponnières » se forment de gigantesques grumeaux où la matière s'effondre sur elle-même. Le cœur de ces grumeaux s'échauffe jusqu'à ce que démarrent des réactions nucléaires. L'effondrement est alors stoppé par la gigantesque quantité d'énergie produite au centre.

Naissance d'une étoile

Lorsque l'effondrement est stoppé, une étoile est née. Le reste de la matière est ensuite soit éjecté, soit retenu par l'étoile. Dans le second cas, cela crée un disque autour de l'étoile où des planètes pourraient se former, comme cela s'est passé pour notre Système solaire. La naissance d'une étoile est assez rapide, quelques dizaines de millions d'années, si on la compare à la durée de sa vie, qui se chiffre, elle, en milliards d'années.

Une vie tranquille occupée à briller

Ensuite, l'étoile se calme. Pendant près de 90 % de son existence, elle transforme « tranquillement » l'hydrogène de son cœur en hélium, par fusion nucléaire. L'énergie produite est évacuée sous forme de lumière. Tout se bouleverse lorsque l'hydrogène, entièrement transformé, vient à manquer dans son cœur. L'étoile n'a plus de carburant. Elle va s'éteindre plus ou moins lentement. Notre Soleil, par exemple, n'en est qu'à la moitié de sa réserve d'hydrogène.

Une mort violente...

On connaît plusieurs scénarios pour la mort des étoiles. Tout dépend de leur masse. Les plus massives terminent leur vie en explosant en supernovae. Ces explosions expulsent énormément de matière et d'énergie, ce qui peut provoquer la formation de nouvelles pouponnières d'étoiles, ailleurs dans la galaxie.

… ou une mort lente

Une étoile peu massive, comme le Soleil, se met à gonfler et se transforme peu à peu en géante rouge. Son diamètre devient 100 fois plus grand, et sa surface 2 fois plus froide. De nouvelles réactions nucléaires démarrent dans son cœur alors qu'elle commence à perdre une part de plus en plus importante de son gaz. Enfin, l'éjection de matière s'accélère, formant une enveloppe que l'on appelle une nébuleuse planétaire. Au centre, il reste une naine blanche : une étoile éteinte, très dense.

Les taches claires de droite (1) sont des étoiles émergeant de leur pouponnière. Au centre (2), plusieurs étoiles chaudes et bleues brûlent leur hydrogène. Au-dessus et à gauche (3), une étoile agonise en éjectant la matière qui la constituait.

ÉTONNANT !

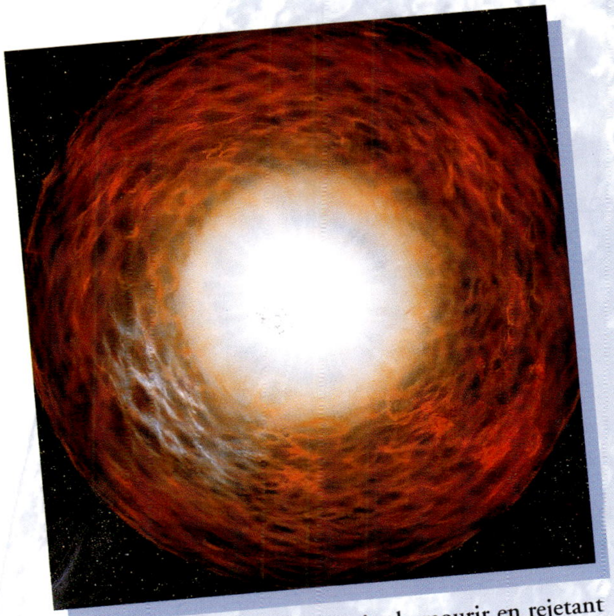

Cette géante rouge est en train de mourir en rejetant sa matière dans l'espace interstellaire.

Espérance de vie d'une étoile

Il est relativement facile d'estimer la longévité d'une étoile : tout dépend de sa masse et donc de la quantité de combustible disponible pour produire son énergie. On sait ainsi qu'une étoile comme le Soleil vit environ 10 milliards d'années, et, comme il est déjà âgé de près de 5 milliards d'années, il en est à la moitié de son existence. Mais, plus une étoile est massive, moins elle vit longtemps, car même si elle dispose de beaucoup de combustible, elle le brûle aussi beaucoup plus vite. Elle s'éteint alors plus rapidement. La vie de certaines étoiles, qui sont des dizaines de fois plus massives que le Soleil, peut ainsi être des centaines de fois plus courte.

Les naines blanches

Une naine blanche est une étoile en train de mourir. Elle a pratiquement consumé tout le gaz qui la composait et elle s'éteint très lentement, comme une lampe à pétrole à court de carburant.

Une centrale nucléaire éteinte

Une naine blanche ne produit plus d'énergie dans son cœur, faute de combustible nucléaire. Une naine blanche n'est donc plus tout à fait une étoile. On ne la voit que parce qu'elle est excessivement chaude (plusieurs dizaines de milliers de degrés). Ces astres chauds semblent donc plutôt blancs que rougeâtres, et, comme ils sont peu lumineux, on les appelle des naines blanches. Toutes les naines blanches ont à peu près les mêmes caractéristiques. La masse de matière qu'elles contiennent ne dépasse pas celle du Soleil. Mais leur taille est réduite (à peu près celle de la Terre). Elles sont donc excessivement denses : un dé à coudre de matière d'une naine blanche pèse près d'une tonne !

Comment se forment les naines blanches ?

Dans plus de 5 milliards d'années, une étoile comme le Soleil, après avoir évolué en géante rouge, rejettera dans le milieu interstellaire une très grande part de sa matière. Ce gaz, chauffé par les couches centrales de l'ancien Soleil, se transformera en une nébuleuse planétaire. Lentement, la nébuleuse se diluera dans le milieu interstellaire alors que l'ancien cœur du Soleil apparaîtra peu à peu. Le Soleil sera alors devenu une naine blanche.

La nébuleuse planétaire NGC 2440 contient une des naines blanches les plus chaudes connues. C'est le point brillant que l'on voit au centre de l'image. Autour, l'atmosphère de l'étoile, éjectée assez récemment, forme la nébuleuse planétaire proprement dite.

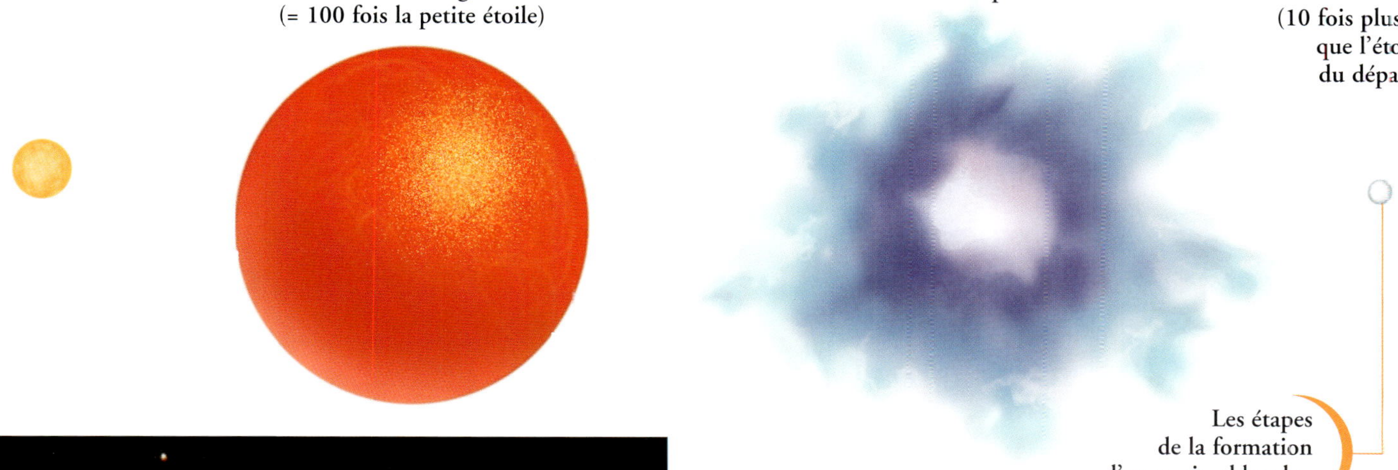

Les étapes
de la formation
d'une naine blanche.

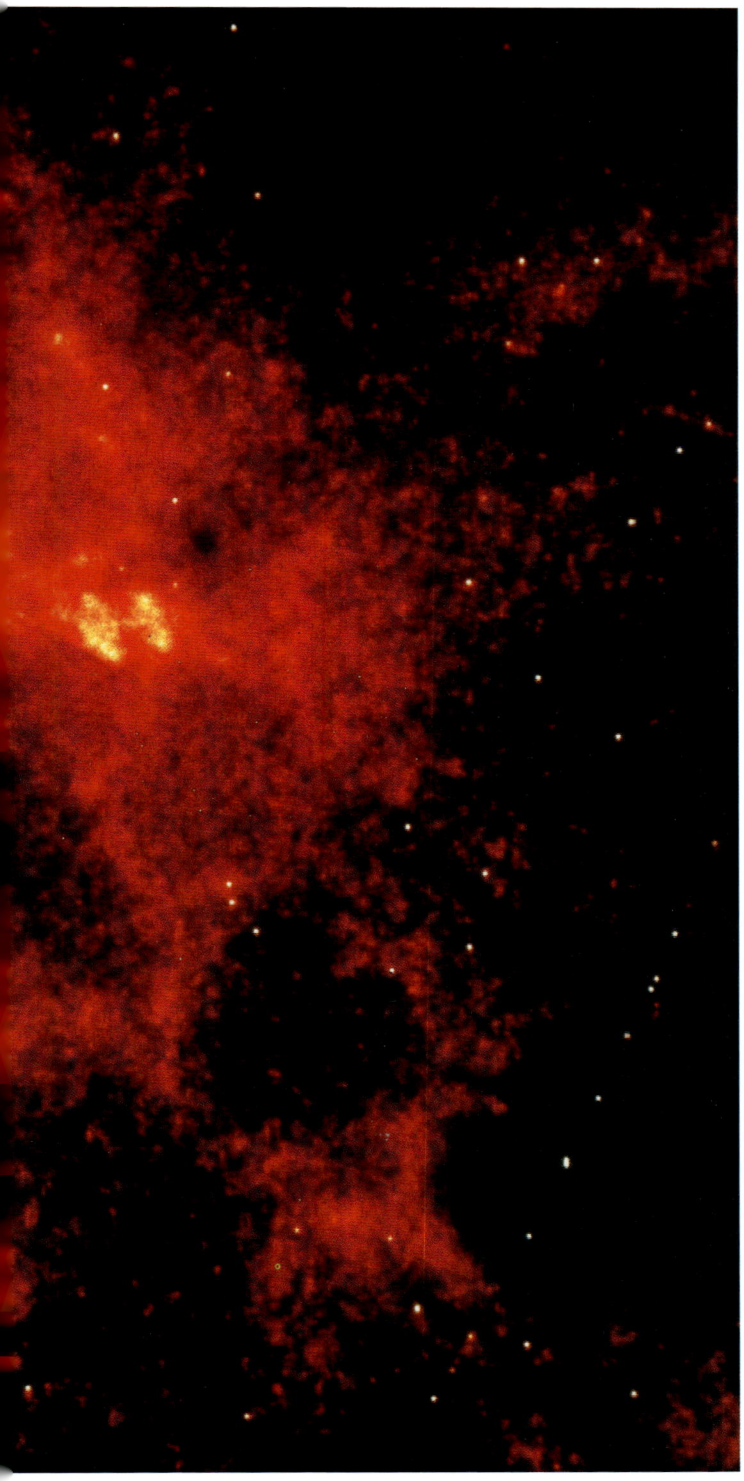

Et ensuite ?

L'enveloppe de gaz et de poussières continuera à se diluer dans le milieu interstellaire jusqu'à devenir complètement imperceptible. Seul l'ancien cœur de l'étoile, la naine blanche, restera encore visible car il est très chaud. En quelques milliards d'années, il se refroidira jusqu'à devenir un astre très froid, émettant si peu de lumière qu'il deviendra de plus en plus difficile de l'observer. La naine blanche cessera alors de briller pour se perdre dans l'anonymat interstellaire. On peut penser que, dans notre Galaxie, il y a déjà un grand nombre de vieilles naines blanches, si froides qu'elles nous sont invisibles.

ÉTONNANT !

Une naine bien cachée

Sirius, dans la constellation du Grand Chien, est l'étoile la plus brillante du ciel. Il y a un peu plus d'un siècle, on a découvert que c'est en fait une étoile double. Sa compagne brille si peu et se trouve si près d'elle qu'on la distingue à peine. En étudiant le mouvement de ces deux étoiles, on s'est alors aperçu que la compagne a la dimension de la Terre mais pèse autant que le Soleil. On venait de découvrir la naine blanche la plus proche du Soleil.

Les restes des supernovae

Les étoiles les plus massives finissent leur existence en explosant. Elles deviennent alors, pour une très courte période, des supernovae.

Une formidable explosion

Les étoiles qui ont au moins 8 fois la masse du Soleil finissent leur vie dans un véritable cataclysme. Les réactions de fusion s'emballent dans leur cœur, qui grossit dramatiquement jusqu'à ce qu'il s'effondre sur lui-même, produisant une explosion phénoménale. L'étoile devient alors pendant quelques jours aussi brillante que toute une galaxie. C'est une supernova. Ces supernovae sont rares. On en compte seulement 2 ou 3 par galaxie et par siècle.

Des tonnes de gaz expulsés

Lors de l'explosion d'une supernova, la plupart de la matière de l'étoile est violemment éjectée dans le milieu interstellaire alors que son cœur se recroqueville sur lui-même. De ce fait, le gaz de l'étoile, qui contient les divers atomes qu'elle a produits au cours de sa vie, se disperse dans la galaxie. Une supernova est donc une des principales sources de l'enrichissement chimique des galaxies.

Les pulsars

Après l'explosion de la plupart des supernovae, il reste, au centre du nuage expulsé, un objet encore plus dense et compact qu'une naine blanche : une étoile à neutrons. Ces astres ont un diamètre de seulement une dizaine de kilomètres. Ils tournent très vite sur eux-mêmes et très régulièrement en émettant un faisceau de lumière dans une seule direction, comme un phare de bord de mer. Si la Terre se trouve dans la direction de ce phare, nous observons alors un pulsar, un astre « clignotant » très régulièrement. Le premier pulsar fut découvert par hasard en 1967. À l'époque, les signaux détectés étaient tellement réguliers (un toutes les 1,3 secondes) qu'on se demanda si on n'avait pas affaire à des signaux émis par des extraterrestres ! On comprit vite que ces véritables horloges cosmiques étaient de simples restes de supernovae. On en connaît maintenant plus d'un millier dans la Galaxie, certains tournant sur eux-mêmes plusieurs milliers de fois par seconde !

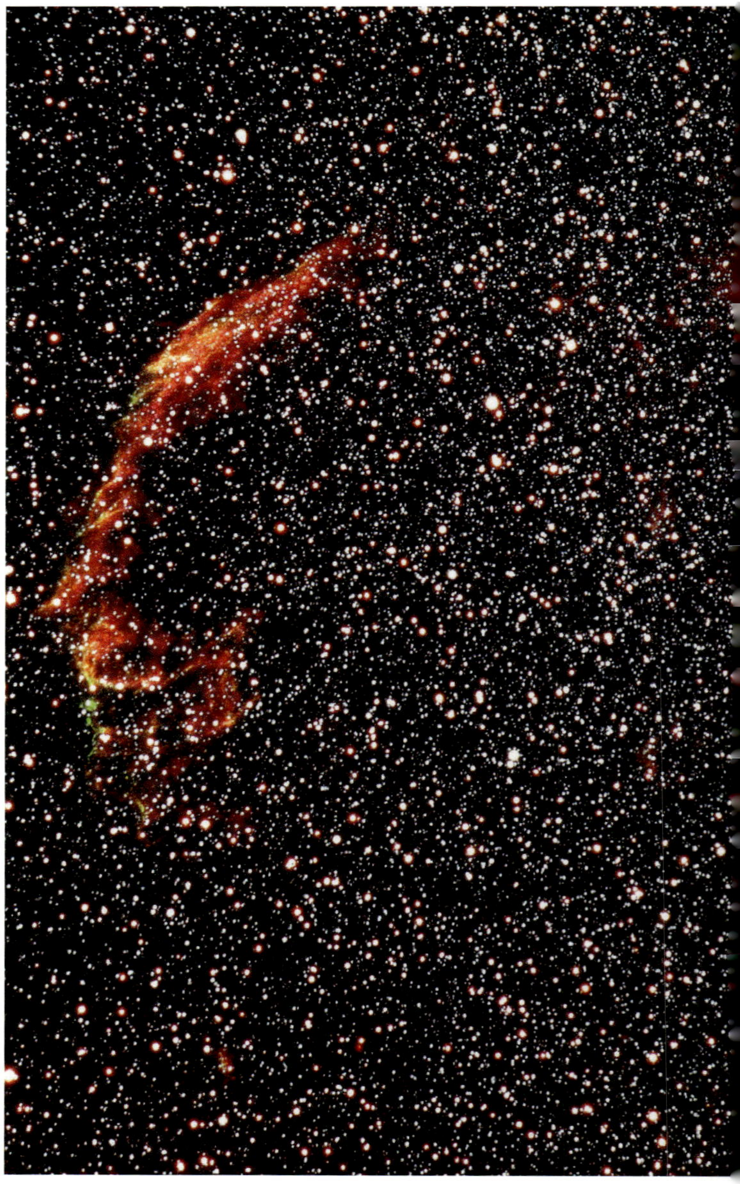

Les trous noirs

Si l'étoile qui explose en supernova est encore plus massive, une part importante du gaz éjecté peut retomber finalement sur son cœur.
Toute la matière s'effondre alors sur elle-même, formant un astre encore plus étrange que le pulsar : un trou noir.
Ces objets sont tellement denses que leur force d'attraction est immense : ils attirent tout ce qui les entoure, un peu comme un trou dans lequel tomberait tout ce qui est proche.
Rien ne peut donc s'en échapper, même pas la lumière. De ce fait, ils sont invisibles, c'est pourquoi on les appelle des trous noirs.

ÉTONNANT !

Comment sait-on que les trous noirs existent ?

Puisque la lumière ne peut s'échapper d'un trou noir, on n'a jamais pu en observer directement. Mais on peut voir ce qui se passe dans leur voisinage. Ainsi, lors de sa « chute » dans le trou noir, la matière qui l'entoure est chauffée à très haute température et se met donc à rayonner. C'est ce gaz rayonnant, en train d'être absorbé, qui nous révèle la présence du trou noir.

Les restes de la supernova Puppis A. Le gaz de l'étoile est éjecté à des vitesses gigantesques dans le milieu interstellaire. Le point faiblement lumineux, presque au centre, est certainement la jeune étoile à neutrons formée lors de la supernova.

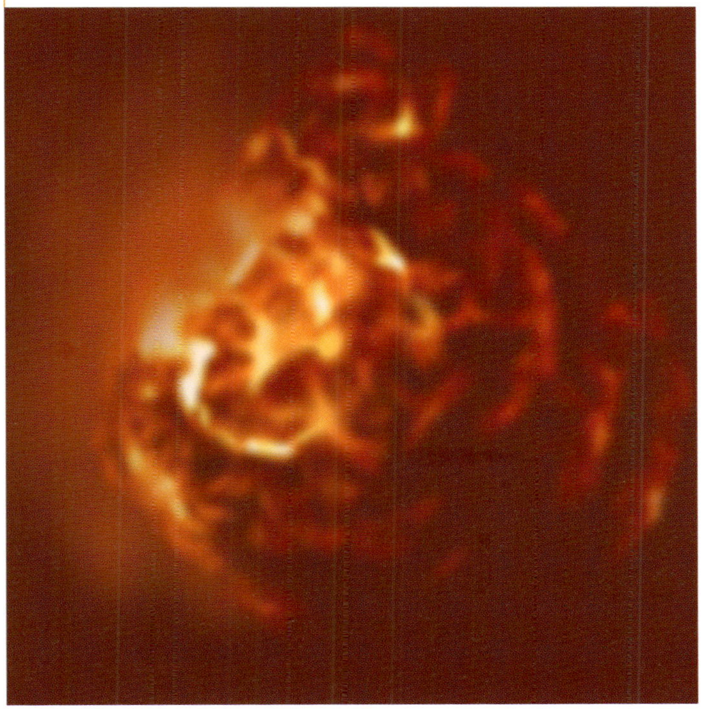

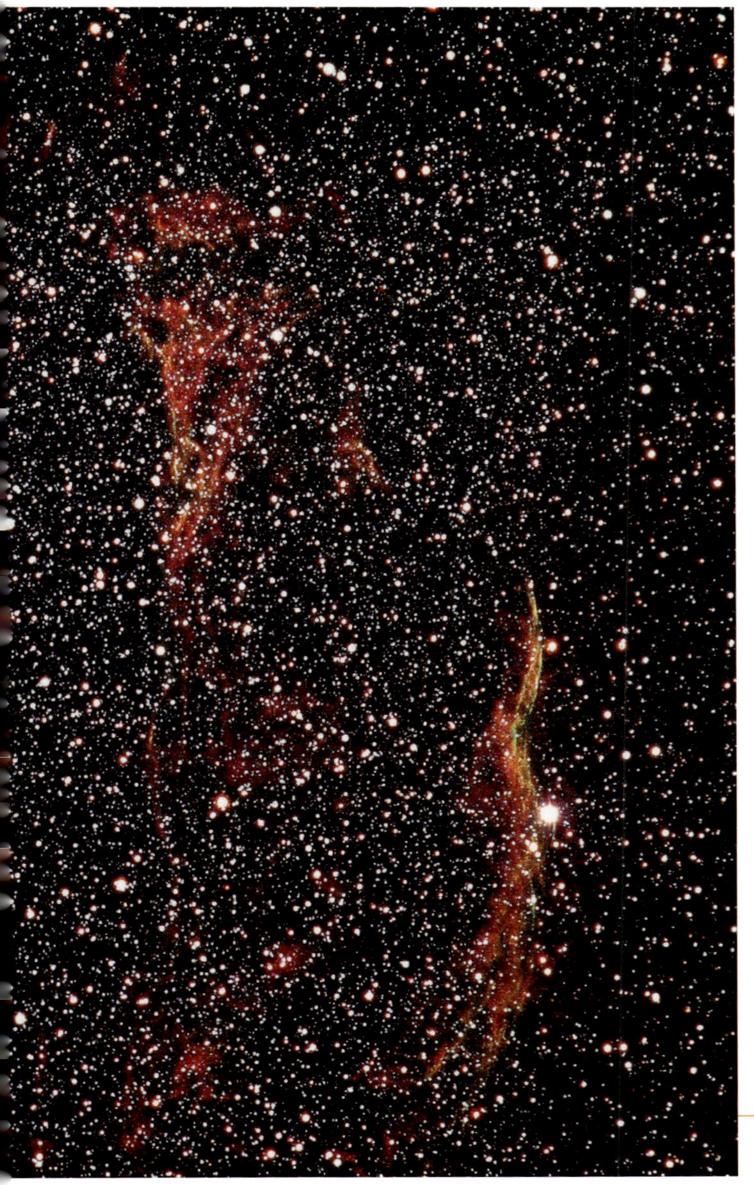

Les dentelles du Cygne. L'explosion de la supernova a eu lieu il y a si longtemps que l'étoile centrale a disparu. Il reste juste le nuage de matière éjectée.

Les amas d'étoiles

Généralement, les étoiles ne naissent pas ni ne vivent isolées, mais apparaissent en très grand nombre au sein de concentrations plus ou moins importantes, les amas. Certains amas semblent s'être formés quasi en même temps que notre Galaxie alors que d'autres sont bien plus jeunes que le Soleil.

Les associations d'étoiles O et B

On classe les étoiles par ordre de chaleur en les désignant par des lettres. Les étoiles O et B sont les plus chaudes que l'on connaisse. Elles naissent généralement en groupe au sein de pouponnières stellaires et forment ainsi des associations d'étoiles très chaudes. Ces étoiles sont aussi les plus massives et celles qui vivent le moins longtemps. Les associations d'étoiles O et B sont donc, parmi les regroupements d'étoiles, les plus jeunes que l'on connaisse. On les trouve dans les bras de la Galaxie.

Les amas ouverts

Un grand nombre d'étoiles se sont formées au sein d'amas ouverts, des regroupements de milliers d'étoiles assez jeunes nées à la même époque. On les appelle « ouverts » car leur forme est irrégulière, et non pas ronde comme celle des amas globulaires. On les trouve dans le disque de la Galaxie. Ils portent donc aussi le nom d'amas galactiques. Outre des étoiles, les milliers d'amas ouverts connus contiennent aussi du gaz et de la poussière, ce qui est révélateur de leur relative jeunesse. Sinon, toute la matière interstellaire se serait déjà transformée en étoiles.

La nébuleuse de la Rosette abrite un amas ouvert, formé il y a 4 millions d'années environ. La lumière émise par les étoiles et la matière qu'elles éjectent donnent sa forme à cette nébuleuse située à près de 4 500 années-lumière de nous.

Le vieil amas globulaire Oméga dans la constellation du Centaure est le plus grand de notre Galaxie. Il contient tant d'étoiles que, si nous vivions auprès de l'une d'entre elles, le ciel serait toujours clair, même la nuit !

Les Pléiades, visibles à l'œil nu dans la constellation du Taureau, constituent un des amas ouverts les plus connus. Il est très proche : ses 3 000 étoiles se trouvent à environ 400 années-lumière de nous.

Les amas globulaires

Un amas globulaire se présente sous la forme d'une immense sphère contenant beaucoup plus d'étoiles qu'un amas ouvert : on peut en compter quelques millions. La plupart de ces étoiles sont très vieilles. On sait, en effet, que certains amas globulaires existent depuis plus de 10 milliards d'années, c'est-à-dire très peu de temps après la naissance de l'Univers. Ils font donc partie des objets les plus vieux que l'on connaisse, et c'est pour cela qu'ils ne contiennent plus rien d'autre que des étoiles. Tout le gaz et la poussière qui les constituaient ont disparu. On a dénombré environ 200 de ces amas globulaires dans le halo de notre Galaxie et un très grand nombre autour d'autres galaxies.

Comme de grandes roues regroupant des milliards d'étoiles, les galaxies tournent dans l'espace et s'écartent les unes des autres à des vitesses vertigineuses. La Terre, située au bord de l'une d'elles, est emportée dans cette course folle.

Les galaxies

La Voie lactée

Une large bande claire traverse le ciel nocturne. Ce sont les 100 milliards d'étoiles qui composent la Voie lactée, une galaxie. Pour nous, le principal intérêt de cette galaxie par rapport aux milliards d'autres que contient l'Univers est que nous pouvons la voir à l'œil nu, parce que nous sommes dedans : l'une de ses étoiles est notre Soleil.

Un disque gigantesque

Notre Galaxie se présente comme un disque très étendu, d'un diamètre de 100 000 années-lumière environ. Ce disque entoure un renflement central : le bulbe. Les étoiles, la poussière et le gaz contenus dans le disque sont répartis dans des bras qui s'enroulent en spirale autour du centre. Le tout est entouré par le halo de la Galaxie, une gigantesque sphère constituée principalement d'amas d'étoiles – groupements en forme de boules de plusieurs millions d'étoiles.

Notre position dans la Galaxie

Nous savons, depuis les observations de l'astronome américain Harlow Shapley en 1914, que notre Soleil et donc notre Terre sont situés entre le centre et le bord de notre Galaxie, sur le côté d'un bras. Nous nous trouvons ainsi à plus de 25 000 années-lumière du centre, autour duquel nous tournons en 250 millions d'années environ.
Depuis sa formation, le Soleil a fait plus d'une vingtaine de tours de la Galaxie. Et, rien que pendant le dernier tour, les dinosaures ont eu le temps d'apparaître et de disparaître de la surface de la Terre et une nouvelle espèce de se développer : l'Homme.

Les étoiles de la Galaxie

Parmi les 100 milliards d'étoiles réparties dans notre galaxie, certaines sont isolées, d'autres sont assez proches pour s'attirer, un peu comme le Soleil retient la Terre. Elles restent groupées par deux, trois ou beaucoup plus. Les premières sont appelées étoiles doubles ou triples. Les autres constituent des amas qui peuvent contenir des milliers d'étoiles. Certaines sont en train de naître, d'autres meurent en explosant et en rejetant leur matière dans la Galaxie. Certaines, comme notre Soleil, sont entourées de planètes.

Chez les Romains de l'Antiquité, on croyait que cette traînée blanchâtre était une trace de lait laissée par la déesse Junon, la femme de Jupiter. D'où le nom de Voie lactée (du latin *lactis*, « lait »). De même le mot grec *gala* (« lait ») a donné le mot galaxie.

Notre Soleil se trouve sur un bras spiral (1) de la Voie lactée... à plus de 25 000 années-lumière du bulbe (2) et du noyau galactique (3).

ÉTONNANT !

Le point rouge, c'est toi. La flèche indique la direction de ton regard.

Par un beau soir étoilé...

Couche-toi sur le dos et regarde la Voie lactée. En tournant les yeux vers la partie la plus large de la grande bande blanche, tu regardes le centre du disque, vers le noyau de notre Galaxie. Tu es sur le bord d'un des grands bras spiraux, comme sur la nacelle d'une gigantesque roue de fête foraine. Et tu tournes avec les 100 milliards d'étoiles.

L'évolution de la Galaxie

Notre galaxie, comme toutes celles que l'on trouve dans l'Univers est composée d'étoiles, de gaz et de poussière. Tous ces éléments bougent et changent : les étoiles vieillissent, les gaz se transforment. La Galaxie évolue.

La course folle

La galaxie se présente comme un disque qui tourne. Le gaz, la poussière et les étoiles qu'elle contient tournent ainsi autour de son centre, un peu comme les planètes tournent autour du Soleil.
Mais tous les éléments ne se déplacent pas à la même vitesse. Le Soleil avance à environ 800 000 km/h (200 km/s !). D'autres étoiles tournent à près de 1 million de kilomètres à l'heure : elles traverseraient la France en 5 secondes.

L'espace entre les étoiles

L'espace entre les étoiles, que l'on appelle aussi le milieu interstellaire, n'est pas vide. On y trouve du gaz et de la poussière. Ce milieu se transforme tout le temps. En effet, les étoiles, lorsqu'elles meurent, y rejettent la matière qui les composait et qu'elles ont en partie modifiée. Les atomes des étoiles mortes se mêlent alors à ceux du milieu interstellaire : la composition de ce milieu change donc constamment.

La nébuleuse de la Tête de cheval est composée de gaz et de poussière.

Plusieurs générations d'étoiles

Des étoiles meurent, d'autres naissent à partir de la matière contenue dans le milieu interstellaire. Mais, comme la composition du milieu s'est transformée, les nouvelles étoiles ne sont pas semblables aux précédentes. C'est un peu comme pour un gâteau : si on change les proportions des ingrédients, on obtient un gâteau différent. Il existe donc des générations d'étoiles différentes, selon les « ingrédients » contenus dans le milieu interstellaire au moment de leur naissance.

Cette nébuleuse, qui porte le joli nom de IC 1396, est une zone de formation stellaire, une vraie pouponnière d'étoiles !

La nébuleuse du Crabe résulte de l'explosion d'une supernova. En 1504, les Chinois avaient observé cette explosion, notant que l'étoile devenait soudainement très brillante.

ÉTONNANT !

Nous sommes des morceaux d'étoiles

Tout le carbone et l'oxygène que l'on trouve dans l'Univers a été produit dans des étoiles maintenant disparues. Or, notre corps contient du carbone et de l'oxygène, comme tout ce qui vit sur cette Terre. Nous sommes faits avec des restes d'étoiles !

L'évolution de la Galaxie

Ainsi, notre galaxie évolue parce que ce qui la compose change. Cette évolution est plus importante dans les régions où de nombreuses étoiles se sont déjà formées puis éteintes, c'est-à-dire dans le disque et vers le centre de la Galaxie.

Galaxies : les briques de l'Univers

Du plus petit élément au plus grand, l'Univers ressemble à un gigantesque jeu d'emboîtement, comme ces jeux de construction faits de briques de plastique qui s'encastrent les unes dans les autres. Avec les « briques » étoiles se composent les galaxies, avec les « briques » galaxies se constituent les amas, avec les « briques » amas se forme l'Univers entier.

Nos « voisines »

Nous connaissons assez bien deux galaxies « proches » de nous : les nuages de Magellan. Ces galaxies tournent ensemble autour de la nôtre, qui est en train de les avaler progressivement. Dans quelques milliards d'années, leurs étoiles, leur gaz et leur poussière feront partie de notre galaxie. Nous pouvons distinguer à l'œil nu une autre galaxie « voisine » : Andromède. En voyageant à la vitesse de la lumière, il faudrait quand même 2 millions d'années pour la rejoindre ! Avec des jumelles, on voit qu'elle a une forme spirale semblable à celle de notre galaxie. Il existe ainsi quelques dizaines de galaxies relativement proches de la nôtre et qui forment un groupe baptisé Groupe local. Andromède et notre galaxie sont les deux plus grosses du Groupe local.

L'amas de la Vierge et les superamas

Continuons à observer l'emboîtement. Le Groupe local, qui est un regroupement de galaxies, fait partie d'un ensemble beaucoup plus vaste que l'on nomme amas : l'amas de la Vierge.
Un amas peut contenir un millier de galaxies !
À son tour, l'amas de la Vierge n'est que l'un des innombrables amas qui constituent l'Univers.
On a identifié deux sortes d'amas : les « réguliers » ont l'aspect de grosses boules rondes ; les « irréguliers », comme l'amas de la Vierge, ont une forme bizarre et mal définie.
Ces amas se regroupent, à leur tour, en « superamas » dont les dimensions atteignent plusieurs milliards d'années-lumière.

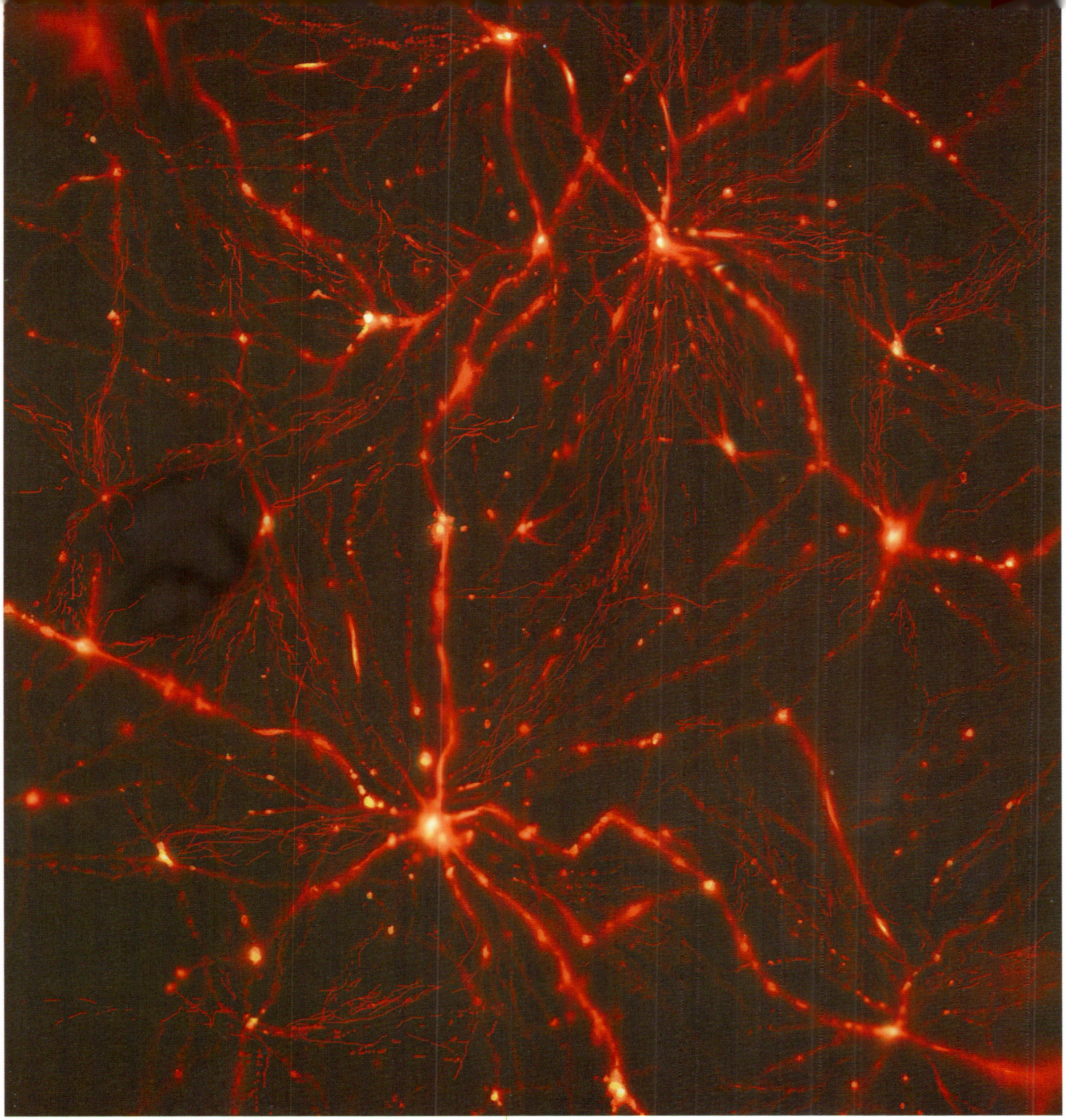

Chaque minuscule point orangé est une galaxie. Les taches plus grosses sont des amas et superamas. Et les grandes structures qui s'entrecroisent sont des murs de galaxies. Ce type d'image est obtenu à partir des calculs d'un ordinateur.

Les grandes structures de l'Univers

Dans l'Univers, ces différents amas et superamas semblent répartis en longues colonnes se croisant dans toutes les directions et entourant des régions presque vides. Parfois, plusieurs amas extrêmement regroupés forment des « murs » de galaxies.
On pense maintenant que le Big Bang et tous les phénomènes d'une incroyable violence qui l'ont accompagné sont à l'origine de cette disposition désordonnée des galaxies et des amas.

Le Fornax est un amas de galaxies : chaque tache blanche en est une.

Différentes sortes de galaxies

Il y a un siècle à peine, nous ignorions à quelle distance de nous se trouvaient les galaxies. On sait maintenant, grâce aux progrès des techniques d'observation, que certaines se situent à plusieurs milliards d'années-lumière. Les nuages de Magellan, les plus plus proches de nous, se trouvent à 200 000 années-lumière.

Semblables ou différentes ?

Les galaxies ont des points communs. Ce sont toutes d'immenses groupements d'étoiles qui peuvent en contenir plus de 100 milliards. Elles tournent toutes sur elles-mêmes autour d'un centre qu'on appelle noyau. Pour le reste, leur aspect, leurs dimensions, leurs couleurs diffèrent. Les astronomes les classent suivant leur forme et ont identifié trois principaux types : les elliptiques, les spirales et les irrégulières.

Les galaxies elliptiques

Elles se présentent comme de grosses boules plus ou moins allongées, essentiellement constituées d'étoiles relativement vieilles et rouges. Ces galaxies apparaissent donc plus rouges que les autres. L'espace entre leurs étoiles ne contient presque plus de gaz, ce qui empêche la formation de nouvelles générations d'étoiles.

Les galaxies spirales

La Voie lactée et notre « voisine » la galaxie d'Andromède, comme de très nombreuses autres, sont des spirales : un disque aplati, constitué d'un noyau très brillant où se rejoignent des bras disposés comme les rayons arrondis d'un moulin-à-vent d'enfant. Elles comprennent généralement moins d'étoiles que les galaxies elliptiques et tournent plus vite sur elles-mêmes. Elles contiennent des étoiles vieilles (rouges), du gaz, des poussières et des étoiles jeunes (bleutées). Un halo très massif les entoure, composé d'étoiles beaucoup plus clairsemées.

Une galaxie spirale, comme la nôtre. On voit bien son noyau brillant, au centre, et les bras spiraux, arrondis.

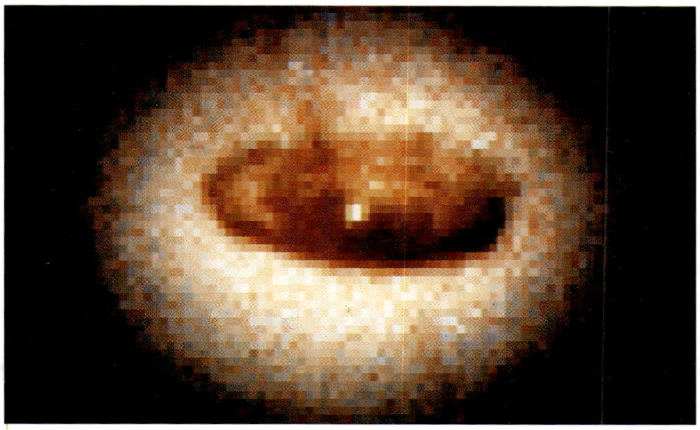

Le noyau actif de la galaxie elliptique NGC 4261, photographié par Hubble.

Le Grand nuage de Magellan est une galaxie irrégulière.

Les galaxies irrégulières

Il existe des galaxies originales, aux formes très particulières, que l'on n'arrive pas à classer dans une des deux catégories précédentes. Certaines ressemblent à des disques tordus, d'autres à des boules déformées... Toutes les bizarreries semblent possibles.

Les galaxies à noyau actif

Il ne s'agit pas d'une quatrième catégorie, mais d'une particularité que l'on rencontre dans certaines galaxies.
Le noyau de ces galaxies présente parfois une zone très concentrée, que l'on appelle « trou noir », et qui aspire et absorbe la matière qui l'entoure, comme le trou d'une baignoire, en produisant une gigantesque énergie.
Les galaxies qui possèdent un trou noir sont appelées galaxies à noyau actif.

Les quasars

Certaines galaxies ont d'abord été confondues avec des étoiles car elles semblaient très petites. D'où leur nom anglais, « *quasi stellar object* » (« objet très semblable à une étoile »), qui a donné « quasar ». En fait, ce sont bien des galaxies, mais extrêmement éloignées de nous et très lumineuses. Ce sont des galaxies à noyau actif spéciales : l'énergie qu'elles émettent équivaut à plusieurs centaines de milliers de fois celle des galaxies classiques car leur noyau contient un trou noir géant.

Le choc des galaxies

Les galaxies ne sont pas isolées dans l'Univers. On les retrouve au sein de groupes et d'amas où elles se déplacent les unes par rapport aux autres. Parfois, certaines se croisent de si près qu'elles peuvent se déformer, se percuter ou même s'avaler !

Tout bouge, tout change

À l'intérieur d'une galaxie, les étoiles naissent puis meurent, laissant la place à de nouvelles générations d'étoiles bien différentes des précédentes. La forme, la brillance et la couleur des galaxies évoluent donc en permanence. À ces changements s'en ajoutent d'autres, qui viennent de la proximité des galaxies voisines.

En effet, les galaxies sont en perpétuel mouvement. Elles tournent sur elles-mêmes, se déplacent dans l'espace et parfois s'entrechoquent.

Rencontres et déformations

Lorsque deux galaxies se croisent, la plus massive peut attirer le gaz, la poussière et les étoiles qui composent la galaxie la plus petite. La galaxie la plus massive grossit donc et profite du gaz de sa voisine pour former de nouvelles générations d'étoiles, alors que la plus petite peut être fortement déformée. Parfois ces rencontres de galaxies provoquent la concentration accélérée des nuages de gaz, ce qui conduit à des flambées de formation d'étoiles : un « baby boum » chez les étoiles !

Lorsqu'une petite galaxie s'approche dangereusement d'une grosse, elle risque d'être « avalée ». Le résultat de la collision peut provoquer la naissance de nouvelles étoiles, très brillantes, en couronne autour de la galaxie. Ce phénomène est observable dans la galaxie de la Roue de la Charette, à 500 millions d'années-lumière de la Terre, dans la direction de la constellation du Sculpteur.

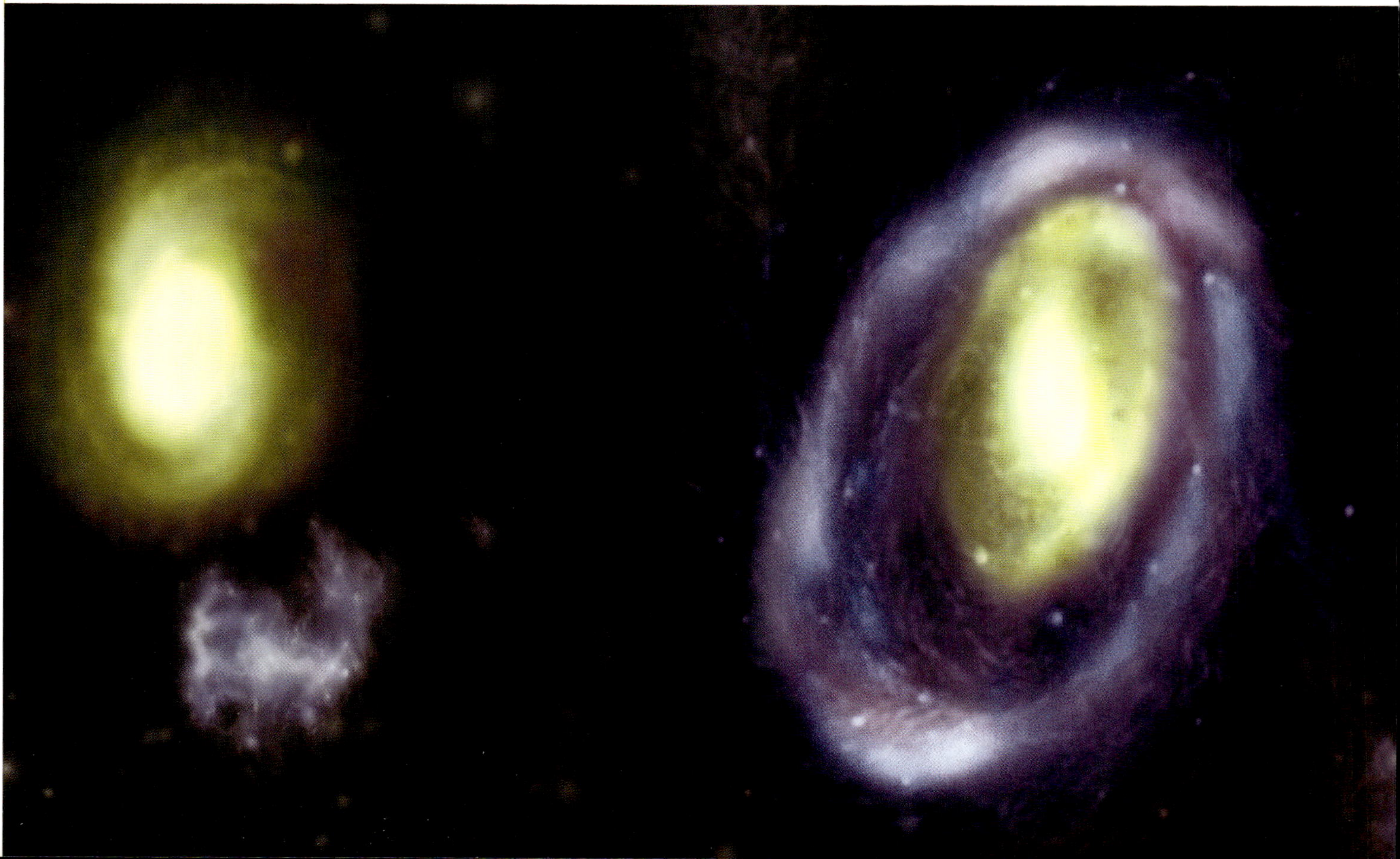

Des galaxies cannibales

Dans certains cas extrêmes, la galaxie géante avale la plus petite. Les étoiles et le milieu interstellaire de la petite (gaz et poussière) vont se mélanger aux composantes de la galaxie géante, qui sera alors constituée de populations d'étoiles diverses. On parle, dans ce cas-là, de cannibalisme galactique. Ces rencontres, comme toutes les autres formes de collisions, jouent un rôle très important dans l'évolution des galaxies.

Deux galaxies en collision photographiées par Hubble. Il s'agit de NGC 2207 et d'IC 2163.

ÉTONNANT !

Et nous ?

Nous-mêmes, au sein de l'amas qui englobe notre galaxie, subissons ce genre de cataclysmes. On pense que notre galaxie a absorbé une galaxie naine il y a une dizaine de milliards d'années, et il se pourrait que nous entrions en collision avec la galaxie d'Andromède... dans 3 milliards d'années environ. Ce n'est pas pour tout de suite !

L'expansion de l'Univers

Un vrai pudding anglais ! Voilà à quoi ressemble l'Univers. Pendant qu'il gonfle, tous les raisins s'écartent les uns des autres. Dans l'Univers, les raisins sont des galaxies qui s'échappent dans tous les sens et qui s'éloignent à des vitesses vertigineuses.

Où sont les galaxies ?

L'astronome américain Edwin Hubble a été le premier, dans les années 1920, à estimer correctement la distance des galaxies par rapport à nous. En effet, il a pu disposer du télescope le plus puissant de son époque : celui du mont Wilson en Californie (États-Unis). Avec ses 2,50 m de diamètre, ce télescope permettait d'observer des objets très peu brillants, comme les galaxies. On sait aujourd'hui que les galaxies sont situées à l'extérieur de la nôtre : la Voie Lactée n'est qu'une galaxie parmi les autres.
On sait aussi que certaines se trouvent à plusieurs milliards d'années-lumière de nous.

Une fuite vertigineuse

Une fois connue la distance d'une galaxie par rapport à nous, on peut observer à quelle vitesse cette distance varie. On se rend alors rapidement compte que plus une galaxie est loin de nous, plus elle s'éloigne rapidement.
En fait, tels des essaims d'abeilles s'envolant dans le ciel, tous les amas de galaxies s'éloignent les uns des autres d'autant plus rapidement que la distance qui les sépare est importante. Les amas les plus lointains foncent à une vitesse proche de celle de la lumière : 280 000 km/s. Paris-Nice en 3 millièmes de seconde !

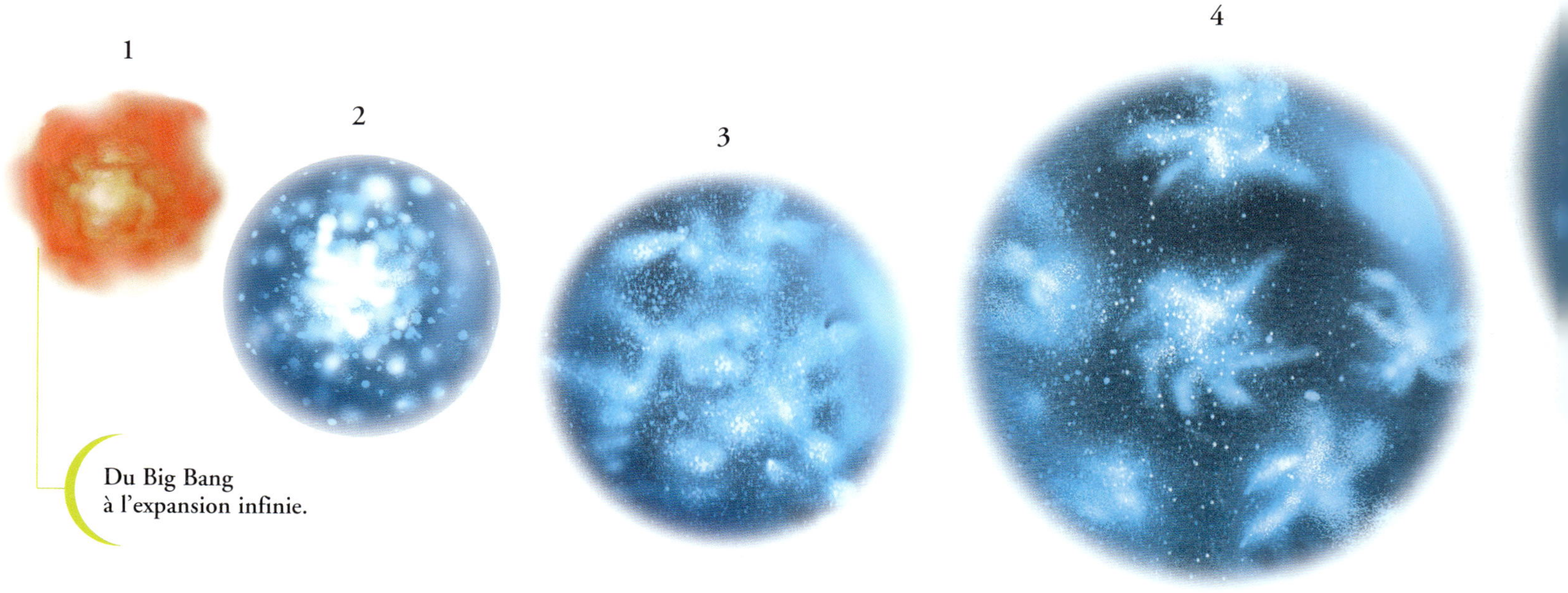

Du Big Bang à l'expansion infinie.

L’expansion de l’Univers

L’Univers, contenant toutes ces galaxies, enfle donc continuellement comme un ballon gonflable. C’est ce que l’on appelle l’expansion de l’Univers. À l’image de tout ce qu’il contient, il n’est donc pas immuable et statique, mais en perpétuelle évolution. C’est encore Edwin Hubble qui fit la découverte de ce phénomène. Mais quelle est la cause de cette expansion ? Comment comprendre ces observations ? La réponse se trouve dans la théorie du Big Bang : l’expansion est la conséquence d’une monumentale explosion.

7

6

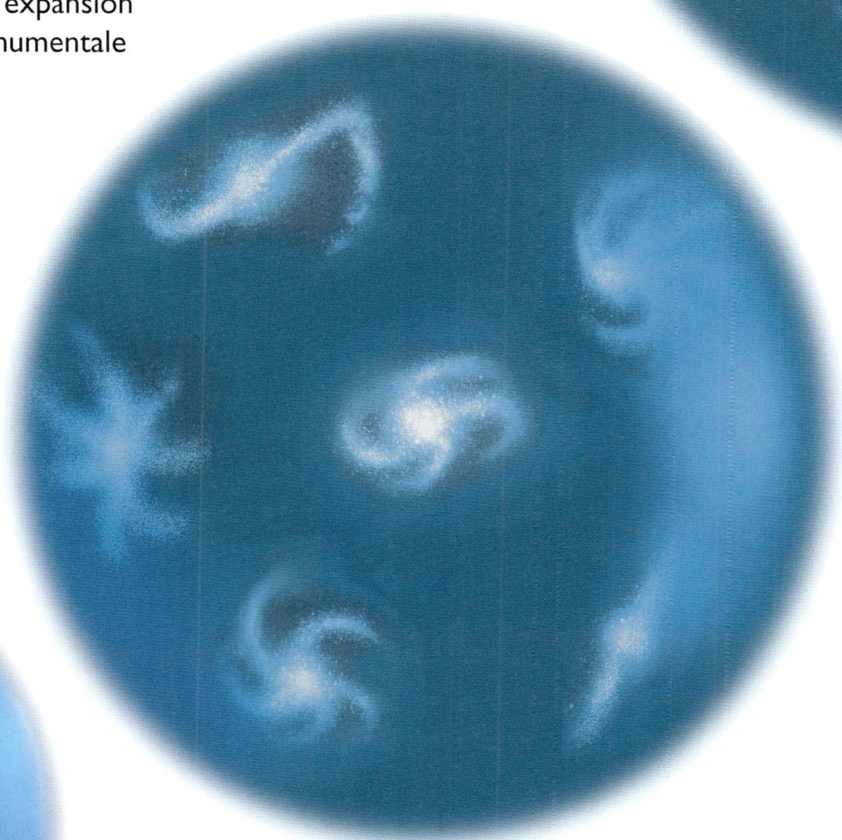

5

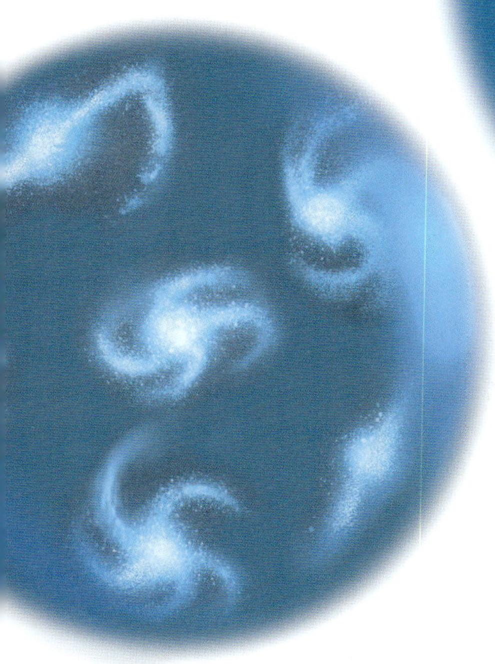

1. Le Big Bang, il y a 15 milliards d’années.
2. Immédiatement après le Big Bang : l’Univers est si chaud qu’aucune matière n’a pu encore se créer.
3. L’Univers se refroidit. Une « soupe » de particules se forme. Elle aboutira à l’apparition d’atomes. Le rayonnement capté par le satellite Cobe date de cette période.
4. Les atomes se regroupent et commencent à former des étoiles et des galaxies.
5. Les galaxies prennent progressivement l’aspect que nous leur connaissons aujourd’hui.
6. Leur fuite vertigineuse continue de les faire s’éloigner les unes des autres.
7. L’Univers en expansion continue d’enfler. Est-ce que cela durera à l’infini ?

Le Big Bang

La théorie du Big Bang est une explication de la naissance de l'Univers et de sa situation actuelle. Jusqu'à aujourd'hui, rien n'est venu prouver qu'elle soit fausse.

Les premières minutes de l'Univers

Selon la théorie du Big Bang (en français « Grand Boum »), tout commence par une monstrueuse explosion, il y a une quinzaine de milliards d'années. Avant ? On ne sait pas. Dans les secondes qui suivent sa naissance, l'Univers commence à enfler et à se refroidir. Les températures sont encore voisines de quelques milliards de degrés. Les premiers éléments qui donneront naissance aux atomes apparaissent.

La suite de l'histoire

Pendant des millions d'années, l'Univers continue à s'élargir et à se refroidir. Les premiers atomes apparaissent lorsque la température n'est plus que de quelques milliers de degrés.
À certains endroits où ces atomes sont plus nombreux et plus serrés, d'énormes grumeaux se forment, se concentrent et s'échauffent : on pense que les premières étoiles et galaxies se sont formées environ un milliard d'années après le Big Bang.
En fait, on ne sait toujours pas si les étoiles ont existé avant les galaxies ou si c'est l'inverse.

Pluie de particules atomiques semblables à celles qui ont été formées quelques secondes après le Big Bang. Cette image vient de l'accélérateur de particules du CERN, en Suisse.

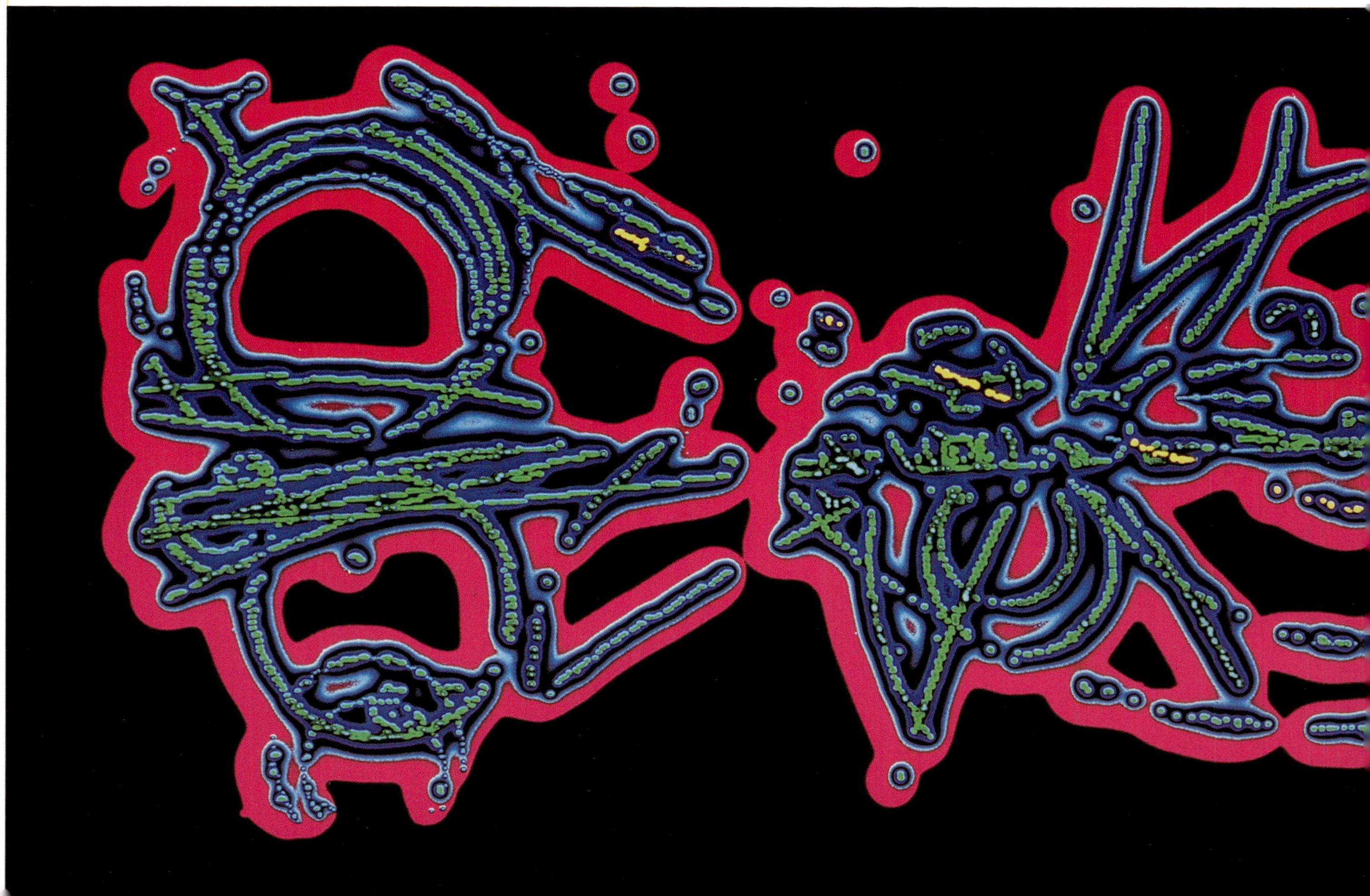

Comment vérifier la théorie du Big Bang ?

Jusqu'à présent, toutes les observations faites par les astronomes « collent » avec la théorie du Big Bang. Par exemple, on constate que les galaxies s'éloignent les unes des autres et que l'Univers est en expansion. Autre observation en 1965 : Arno Penzias et Robert Wilson découvrent par hasard une sorte de lueur en provenance de toutes les directions du ciel, que l'on appelle le rayonnement cosmologique. On pense que ce rayonnement est une trace des événements qui ont suivi le Big Bang.

A-t-on vraiment trouvé la bonne explication ?

La théorie du Big Bang est communément admise. Cependant, certains points font encore l'objet de discussions. L'histoire de l'astronomie est tissée de théories admises, puis réfutées quelques années ou quelques siècles plus tard, au hasard des nouvelles découvertes. Rien n'empêche de penser que d'autres explications, tout aussi convaincantes que le Big Bang, puissent être un jour proposées.

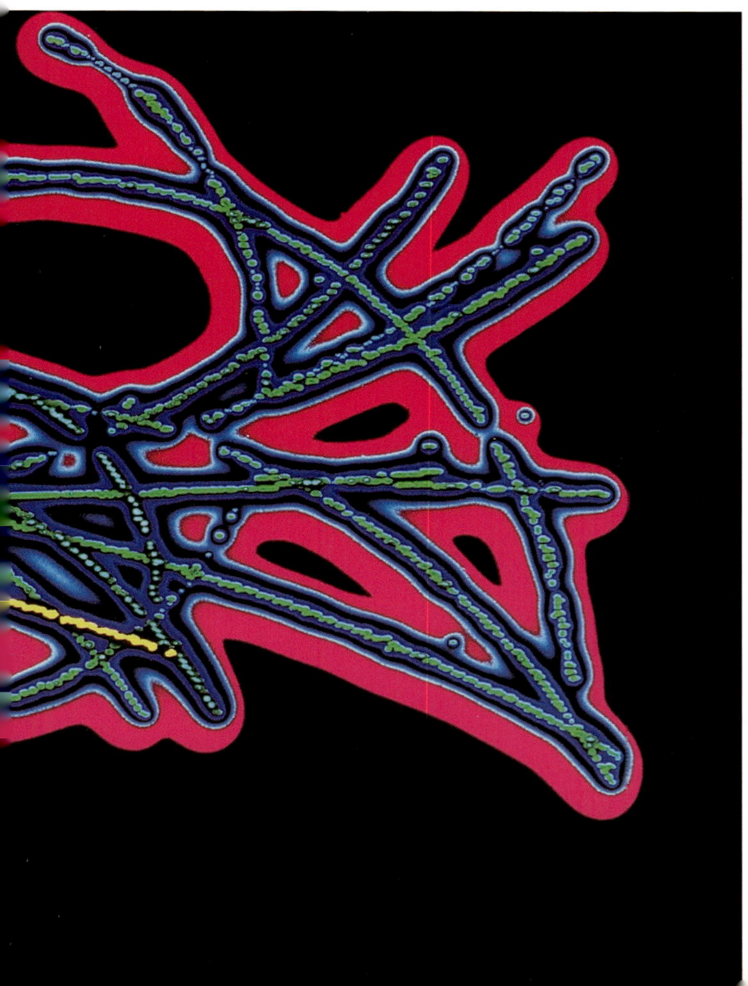

ÉTONNANT !

Une découverte bien gênante

En 1965, Arno Penzias et Robert Wilson travaillent depuis des mois sur des liaisons de communications entre des satellites et s'énervent un peu : leurs instruments enregistrent des signaux qu'ils n'arrivent ni à expliquer ni à supprimer. Un jour, d'autres chercheurs leur proposent une explication à leur problème. Leurs instruments ne sont pas déréglés, mais captent un rayonnement inconnu jusqu'alors : celui qui régnait dans l'espace un million d'années après le Big Bang.

Cette image produite par le satellite Cobe montre la lumière la plus ancienne jamais observée. On pense qu'il s'agit des restes de la lumière présente dans l'Univers environ un million d'années après le Big Bang.

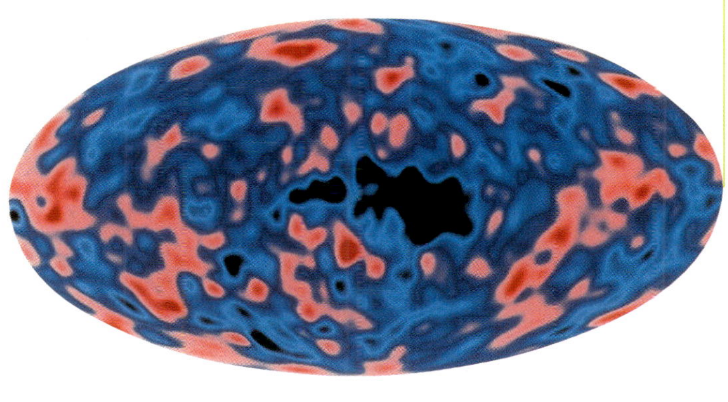

Comment comprendre ce qui se passe à des centaines voire à des milliers d'années-lumière de la Terre ? L'Espace est pour nous un univers de mystères que les astronomes tentent de percer à l'aide d'instruments toujours plus sophistiqués.

Observation et instruments

Se repérer dans le ciel

***A** l'œil nu, on voit moins de 3 000 étoiles dans le ciel. En fait il y en a des milliards. Depuis l'Antiquité, des observateurs ont essayé de trouver des points de repère dans ce fouillis et de décrire la voûte céleste de façon organisée pour mieux la comprendre.*

Des étoiles plus ou moins lumineuses

Un premier coup d'œil révèle qu'il y a des étoiles plus brillantes que d'autres. On pourrait croire que les étoiles brillantes sont les plus proches de nous. Mais ce n'est pas toujours le cas : leur éclat dépend de leur dimension et de leur température. Grâce à des instruments très précis, on mesure l'éclat des étoiles que l'on note par un nombre appelé magnitude.
Plus l'étoile est brillante, plus sa magnitude est petite.
L'étoile la plus brillante de notre ciel, Sirius, a une magnitude de – 1,5.
L'étoile 51 Peg, très faiblement lumineuse, a une grosse magnitude : 5,5.

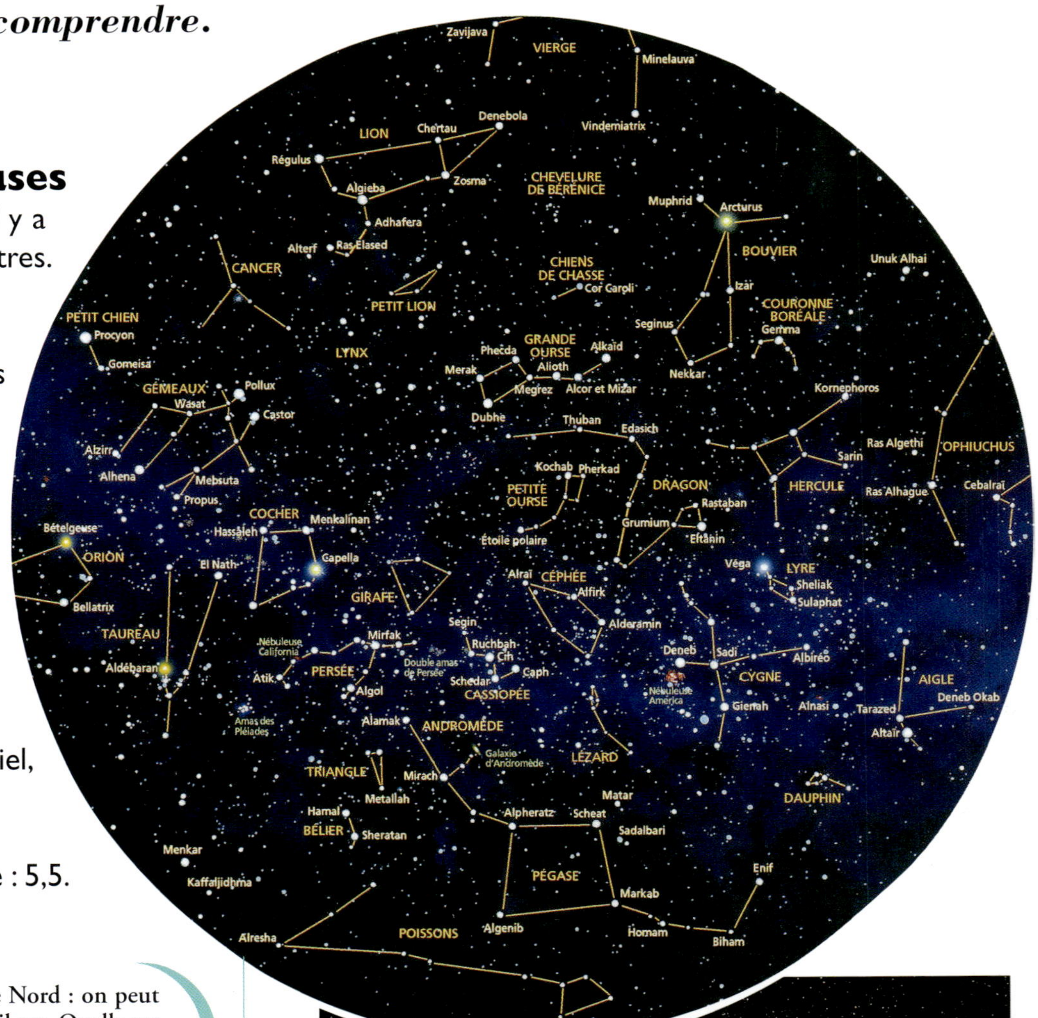

Planiciel des étoiles visibles de l'hémisphère Nord : on peut y retrouver celles que l'on observe à l'œil nu. Quelle est la grande constellation que l'on voit sur la photo du bas ? (La petite est la Couronne boréale.)

Les étoiles, notre grande horloge

Notre Terre tourne sur elle-même en 23 heures 56 minutes et 4 secondes. C'est pour cela que le Soleil, l'étoile la plus proche de nous, semble se lever, traverser le ciel, puis se coucher. Ce n'est pas lui qui bouge, mais nous. Toutes les autres étoiles ont le même mouvement apparent. Il suffit de regarder le ciel à deux moments différents de la nuit pour voir que les étoiles ont « bougé ».

En laissant, de nuit, un appareil photo ouvert en pose, on met en évidence la rotation apparente des étoiles. La seule étoile fixe, au centre, est l'étoile Polaire.

En presque 24 heures, un jour et une nuit, elles reviennent à leur position de départ. Mais les 3 minutes et 56 secondes qui manquent pour faire exactement 24 heures, en s'accumulant de jour en jour, entraînent un second mouvement apparent, qui met un an entier à revenir à son point de départ. Le ciel étoilé, par la régularité de ses mouvements apparents, est donc une grande horloge aussi bien à l'échelle de la journée que de l'année.

L'invention des constellations

Pour utiliser l'« horloge » des étoiles avec le plus de précision possible, les hommes ont cherché à identifier des étoiles repères. Difficile dans tout ce fouillis ! On a donc inventé des aide-mémoire visuels, en reliant certaines étoiles disposées en figures simples (triangles, trapèzes, cercles...). Les dessins ainsi formés sont les constellations. On leur a donné des noms de divinités, d'animaux ou d'objets. Attention : les étoiles d'une constellation n'ont pas d'autre lien que ce regroupement visuel artificiel (d'ailleurs différent d'une civilisation à une autre). On peut désormais établir de véritables cartes du ciel : des planiciels. De nos jours, la carte du ciel est construite à partir des mesures d'instruments spécialisés, placés sur la Terre ou dans l'espace, et les positions des astres sont rassemblées de façon extrêmement précise dans des catalogues d'étoiles.

ÉTONNANT !

Pour ne jamais se perdre : l'étoile Polaire

Pourquoi l'étoile Polaire a-t-elle longtemps servi de point de repère aux voyageurs et aux explorateurs ? Parce qu'elle est située sur l'axe du mouvement apparent de la voûte céleste et qu'elle ne bouge donc pas, comme le centre d'un disque qui tourne. Elle indique toujours le nord. Voici comment la repérer.

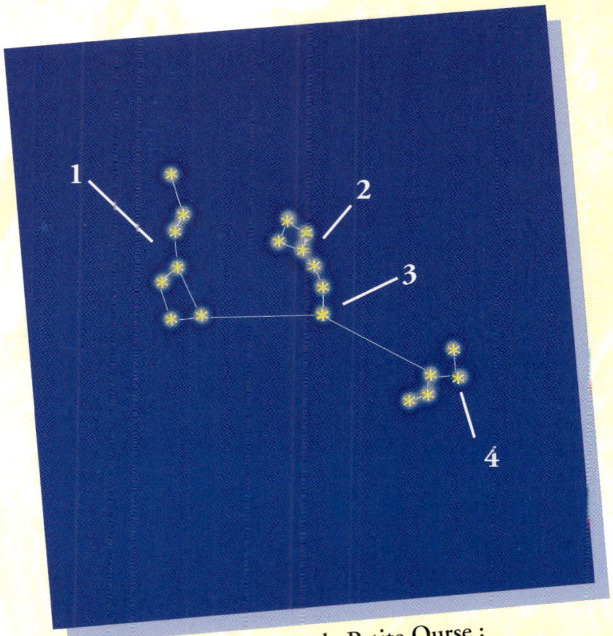

1 : la Grande Ourse ; 2 : la Petite Ourse ; 3 : l'étoile Polaire ; 4 : Cassiopée.

Ceux qui ne « jouent pas le jeu »

Parmi tous ces confettis lumineux dont la position des uns par rapport aux autres ne change pas, il y en a quelques-uns qui ne restent pas à leur place. Les Grecs les ont appelés « astres errants ». Ce ne sont pas des étoiles, mais des planètes (du grec *planêtès*, « errant »). Ainsi, c'est par une sorte de grand jeu de différences d'un ciel nocturne à l'autre que l'on a pu découvrir l'existence des planètes du Système solaire.

Lunettes et télescopes

Comme l'œil, les lunettes astronomiques et les télescopes capturent la lumière, mais ils font plus et mieux que l'œil : sans eux nous ne saurions presque rien des étoiles, des galaxies… Chaque progrès dans la technique de ces instruments a permis de faire de gigantesques bonds dans la connaissance de ce qui nous entoure et de donner une nouvelle vision, plus riche et plus précise, de l'Univers.

L'œil ne suffit pas

Pour voir, il faut capter de la lumière. Notre œil nous sert d'« entonnoir » à lumière. Mais, en astronomie, la quantité de lumière que l'on peut analyser est faible. On a donc inventé de plus gros « entonnoirs » pour capter plus de lumière à la fois. Ce sont les lunettes et les télescopes. Coup de chance : plus l'entonnoir est grand, plus il nous permet de distinguer de fins détails.

Les lunettes astronomiques

Les lunettes comportent deux lentilles de verre : l'une placée contre l'œil (l'oculaire) ; l'autre placée du côté de l'objet observé (l'objectif). Ce dernier joue le rôle de l'entonnoir. Il capte la lumière et forme une image de l'objet. Pour que notre œil puisse l'examiner, il faut une loupe, c'est l'oculaire. Les lunettes ont atteint des dimensions de plusieurs mètres en longueur, mais le diamètre des objectifs est resté inférieur au mètre. Au-delà, la lunette reviendrait trop cher et le télescope est plus intéressant, même si les images ne sont pas meilleures.

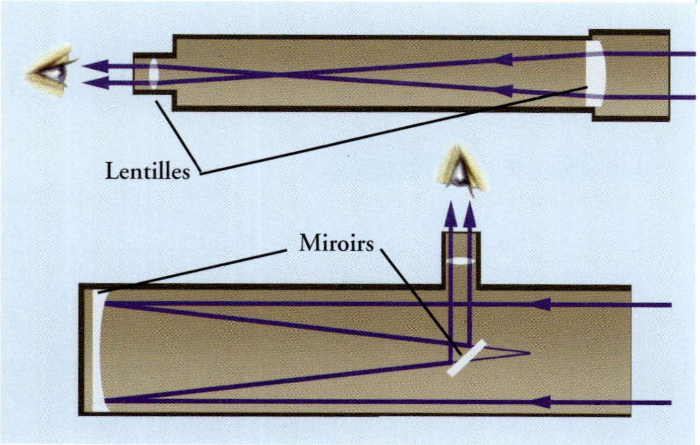

Schéma de fonctionnement d'une lunette (en haut) et d'un télescope (en bas).

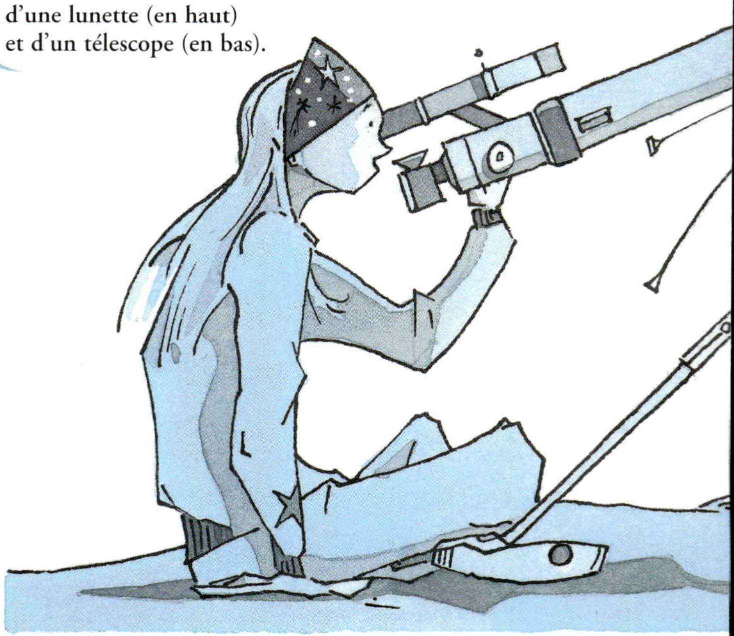

Les télescopes

Le principe est le même que celui des lunettes, mais l'image est formée par un objectif différent. Au lieu d'une lentille, on utilise deux miroirs concaves (légèrement creux).
Or, les techniques actuelles permettent de fabriquer des miroirs de plusieurs mètres de diamètre.
L'entonnoir devient vraiment très gros !
Et les détails que l'on peut distinguer peuvent devenir vraiment fins.

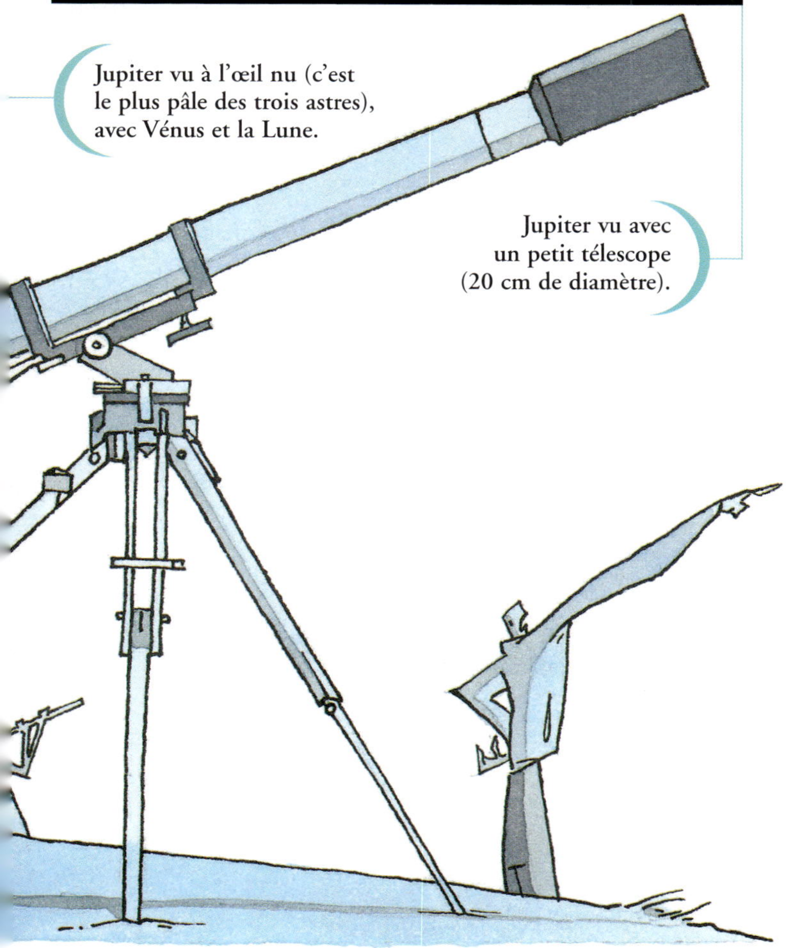

Jupiter vu à l'œil nu (c'est le plus pâle des trois astres), avec Vénus et la Lune.

Jupiter vu avec un petit télescope (20 cm de diamètre).

Étonnant !

En 1993, des astronautes durent « bricoler » pour réparer Hubble.

Un télescope myope

En avril 1990, Hubble, un énorme télescope, est mis sur orbite autour de la Terre.
Son miroir, merveille de la technique, mesure 2,4 m de diamètre.
Les yeux de dizaines d'astronomes sont braqués sur les écrans où doivent parvenir les premières images fabuleuses.
Hélas, les images sont floues !
Hubble est « myope » !
Les ingénieurs de la Nasa ont rapidement compris que le problème venait d'une imperfection dans l'assemblage des miroirs.
Depuis, une mission spéciale a permis de réparer l'erreur, en envoyant des astronautes installer un correcteur optique sur le télescope.
En gros... on lui a mis des lunettes.
Le résultat s'est révélé à la mesure des efforts : une moisson d'images très riches.

Des instruments spécialisés

Comment avons-nous appris tout ce que nous connaissons de l'Univers ? En grande partie grâce à l'observation et à l'analyse de la lumière que nous envoient les astres. Au fur et à mesure des progrès de la technique, des spécialistes mettent au point des instruments de plus en plus perfectionnés pour capter et pour comprendre le message lumineux qui vient de l'espace.

Mesurer pour mieux décrire

Pour décrire un astre (étoile, planète, etc.), on pourrait faire un dessin ou utiliser des adjectifs : gros, petit, brillant, sombre. Mais « gros », cela veut dire très gros pour une personne, assez gros pour une autre. On préfère donc se servir de nombres : ils sont plus précis et invariables quelle que soit la personne qui s'en sert. Les nombres permettent de mesurer. Mais que peut-on mesurer dans le cas des astres ? Uniquement des quantités de lumière.

La richesse du message

La lumière nous donne beaucoup d'informations. Par sa direction, elle nous « raconte » d'où elle vient. Par ses couleurs, qui changent selon la composition et la température des corps célestes, elle nous dit ce qui la produit. Par son intensité, elle nous apprend comment elle varie au cours du temps. La lumière nous permet donc de connaître la forme de l'astre observé, sa température, de quoi il est fait, ses conditions de vie, et savoir si tout cela change ou reste invariable. Mais comment mesurer la lumière ?

Le spectre du Soleil.

Des instruments pour mesurer la lumière

Les principaux types d'instruments que l'on installe derrière un télescope sont les photomètres, les spectrographes et les imageurs.
Le photomètre mesure la quantité de lumière totale qui lui parvient. Grâce à lui, on peut déterminer l'intensité ou la brillance d'un astre et savoir si sa lumière comporte plus de rouge ou plus de bleu, ce qui permet d'estimer sa température.

Le spectrographe décompose la lumière comme le fait un arc-en-ciel (on dit qu'il fait apparaître le spectre de la lumière) et mesure la quantité de lumière pour chaque couleur. Certaines couleurs sont parfois absentes : cela nous renseigne sur la composition chimique de l'astre.
L'imageur sert à mesurer la quantité de lumière non pas pour chaque couleur du spectre, mais pour chaque point de l'image. Grâce à lui, on peut par exemple connaître la forme d'un astre, même extrêmement lointain, et savoir s'il s'agit d'une étoile, d'une planète, d'une galaxie, etc.
Un imageur particulier, l'interféromètre, permettra bientôt de reconstruire des images des astres. Cet imageur doit utiliser plusieurs télescopes à la fois et l'image est obtenue par des méthodes mathématiques, en passant par un ordinateur.

Un chercheur travaillant à l'interféromètre.

ÉTONNANT !

Les trous noirs sont encore des mystères...

Un nouveau bond en avant

Dans quelques années, la lumière ne sera plus notre seul repère pour connaître les astres. Un nouveau type d'instruments est développé actuellement pour s'intéresser à un autre type de messages : les ondes gravitationnelles, émises par les astres dans des situations particulières, par exemple dans les « trous noirs ». Des phénomènes encore cachés, au cœur de ces mystérieux « trous noirs », seront enfin dévoilés. Notre vision de l'Univers sera renouvelée et enrichie, car nous allons faire de grandes découvertes !

Comment capter les ondes venues de l'espace ?

On collecte les ondes lumineuses émises par les astres avec des lunettes, des télescopes et des radiotélescopes. On analyse ces ondes avec des spectrographes et des photomètres. Si l'on veut visualiser cette lumière, il faut maintenant l'enregistrer quelque part. On le fait à l'aide de capteurs.

Sur cette image fortement agrandie, on voit bien les pixels : tous les petits carrés de couleurs différentes qui composent l'image complète.

Des capteurs bien connus

Notre œil et le Caméscope sont les capteurs que nous utilisons dans la vie courante.
Voici comment ils fonctionnent. Le fond de l'œil est tapissé de cellules qui réagissent quand elles reçoivent des ondes lumineuses. Les cellules, en réagissant, envoient au cerveau des signaux électriques par l'intermédiaire du nerf optique.

Pour le Caméscope, le principe est le même, mais les cellules sont remplacées par ce que l'on appelle des pixels, qui émettent des signaux électriques chaque fois qu'ils reçoivent des ondes lumineuses. L'avantage du Caméscope par rapport à l'œil, c'est qu'il est capable d'enregistrer tous ces signaux sous la forme d'une image que l'on peut revoir et montrer à d'autres personnes autant de fois que l'on veut.

Les capteurs astronomiques

Les caméras utilisées en astronomie sont des Caméscope améliorés. Au lieu d'enregistrer l'image sur une bande vidéo, elles envoient les signaux électriques à un ordinateur qui les traduit et qui les enregistre sous forme de nombres. On les appelle des caméras CCD. Ce sont des caméras électroniques.
Un autre avantage des caméras CCD est d'être sensibles à des lumières invisibles pour l'œil ou pour un Caméscope normal : certaines CCD enregistrent la lumière infrarouge et d'autres les rayons ultraviolets.

Des capteurs très spéciaux

Les CCD ne captent pas tout l'éventail de la lumière. Pour les rayons gamma, on utilise des scintillateurs ; pour les ondes radio, on se sert de diodes...
Tous ces appareils ont des fonctionnements bien différents des caméras CCD.
Les astres envoient d'autres « messages » que les ondes lumineuses. Par exemple, lorsqu'un astre dont la masse est très importante accélère dans l'espace, cela produit des ondes très particulières que l'on appelle des ondes gravitationnelles. Les astronomes seront bientôt capables de capter ces ondes très difficiles à déceler, grâce à des détecteurs spéciaux actuellement à l'étude. On compte beaucoup sur ces appareils pour comprendre les propriétés de certaines galaxies encore mystérieuses.

ÉTONNANT !

Un capteur au fond d'une mine

Parfois, ce ne sont même plus des ondes que l'on capte, mais de l'énergie, sous forme de particules produites dans les réactions nucléaires au cœur des étoiles.
On les appelle les neutrinos.
Ils se faufilent partout.
Rien ne les arrête et aucun des capteurs classiques n'est sensible à leur passage.
Notre corps est traversé en permanence par des millions de ces neutrinos.
L'appareil que l'on utilise pour arriver à déceler le passage de quelques-uns se présente sous la forme d'une cuve géante remplie d'un liquide.
Il faut 600 m³ de liquide par jour pour capturer... quelques neutrinos à peine !
Pour éviter que d'autres ondes ne viennent troubler la manœuvre, on est obligé de placer le capteur sous terre, par exemple au fond d'une mine ou sous la mer, ou même à 1 000 m sous la glace de l'Antarctique.

La lumière que l'œil humain peut voir est loin d'être la seule existante. L'œil du serpent voit les infrarouges. Avec les CCD, on capte presque toute la lumière : certaines voient les ultraviolets, d'autres les infrarouges.

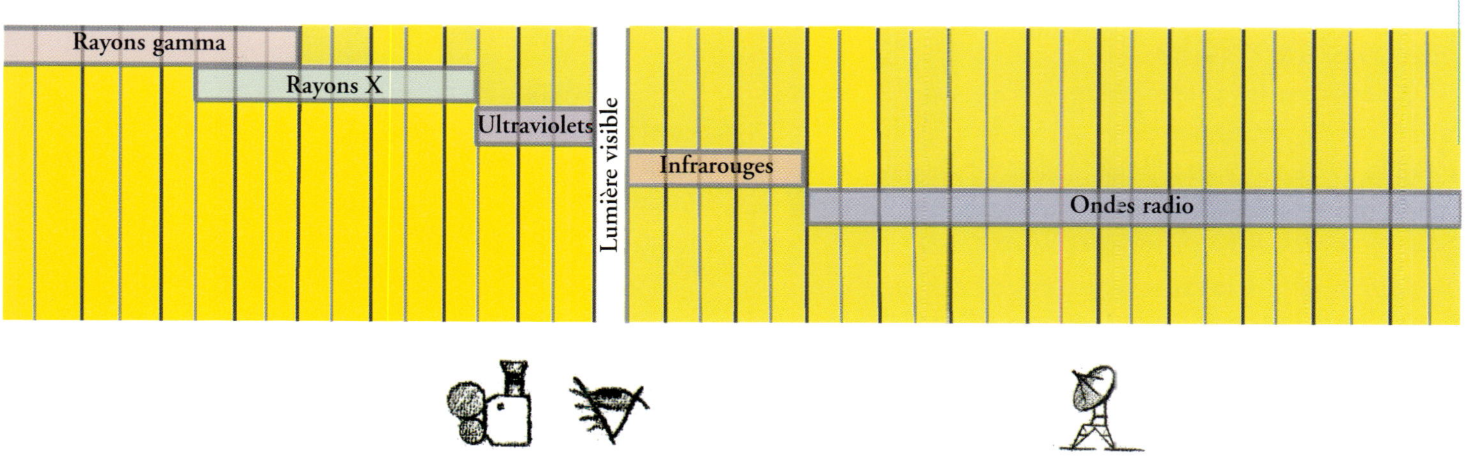

Les radiotélescopes

Pour filmer les animaux la nuit, les photographes utilisent des caméras pour l'infrarouge, qui leur permettent de capter cette lumière invisible à l'œil humain. De même, les astronomes disposent de radiotélescopes pour percevoir les ondes radio, une autre lumière à laquelle l'œil n'est pas sensible.

Les ondes radio : une lumière spéciale

L'éventail des couleurs visibles, comprises entre le violet et le rouge de l'arc-en-ciel, n'est qu'une petite partie de l'éventail de la lumière. Il y a d'autres formes de lumière que notre œil ne perçoit pas : l'ultraviolet, l'infrarouge, les ondes radio. Les ondes radio sont importantes pour les astronomes car celles qu'émettent les astres renseignent sur des phénomènes qui n'apparaissent pas en lumière visible.

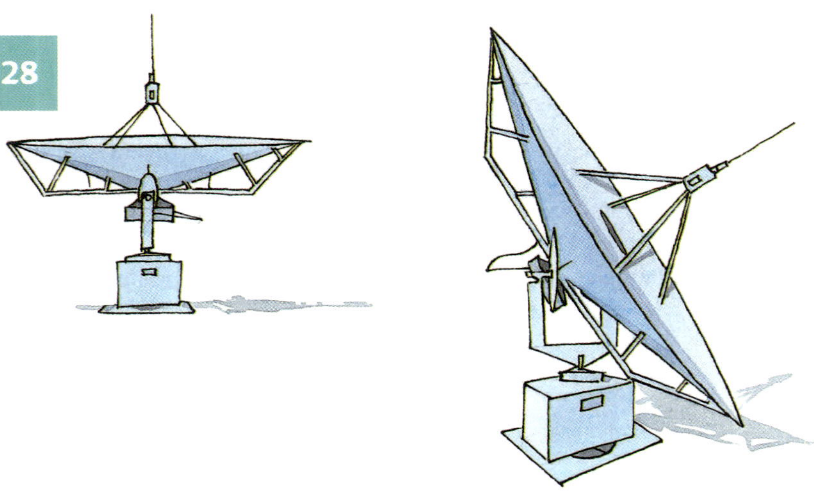

Les radiotélescopes captent les ondes radio

Pour collecter les ondes radio émises par les astres, on utilise des antennes : des paraboles semblables à celles de la télévision. Mais celles des astronomes atteignent plusieurs dizaines de mètres de diamètre. Ces paraboles concentrent les ondes vers un récepteur qui mesure la puissance des ondes radio reçues. Mais le récepteur ne fait pas d'image. Pour obtenir une image de l'astre observé, il faut associer plusieurs paraboles et utiliser un ordinateur. L'ensemble s'appelle un radio-interféromètre.

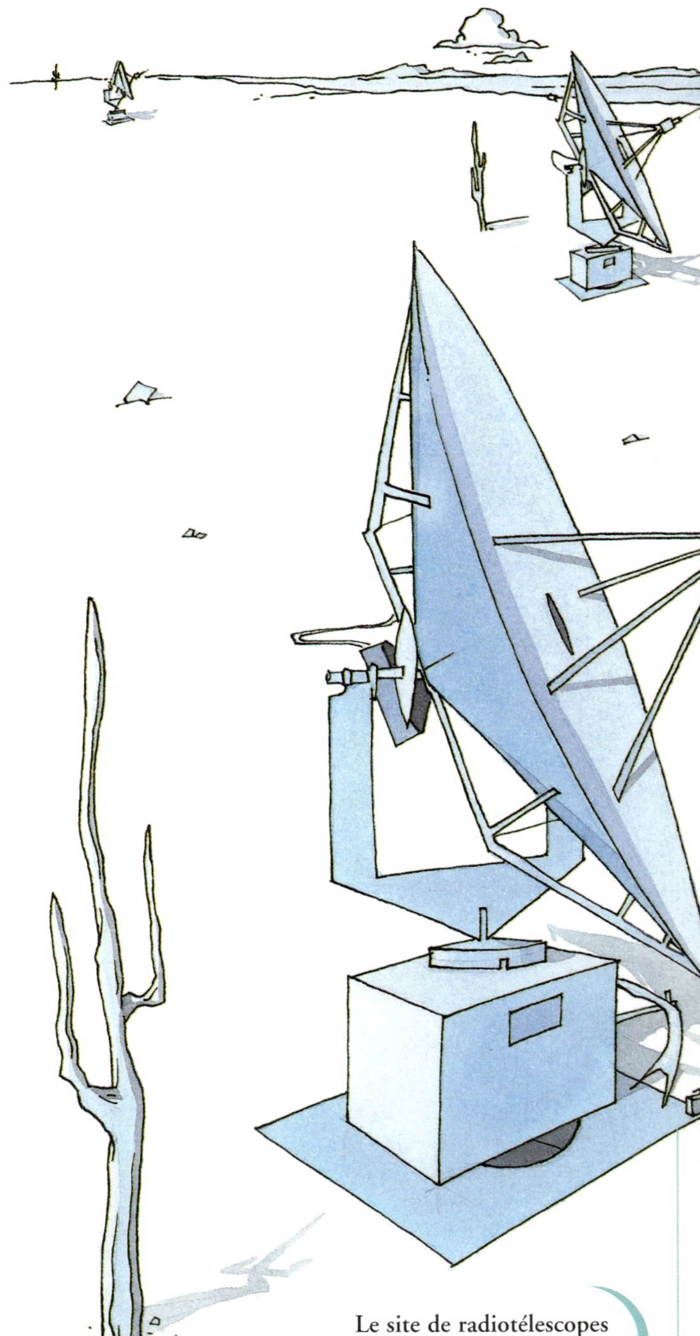

Le site de radiotélescopes Alma, au Chili.

Avec un télescope à lumière visible, on ne voit que quelques étoiles dans la nébuleuse Orion.

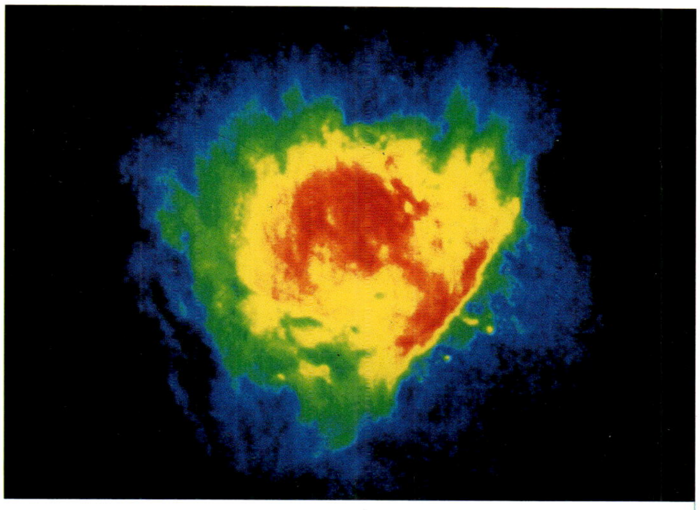

Avec un radiotélescope, qui capte les ondes radio, on découvre un nuage de gaz très étendu.

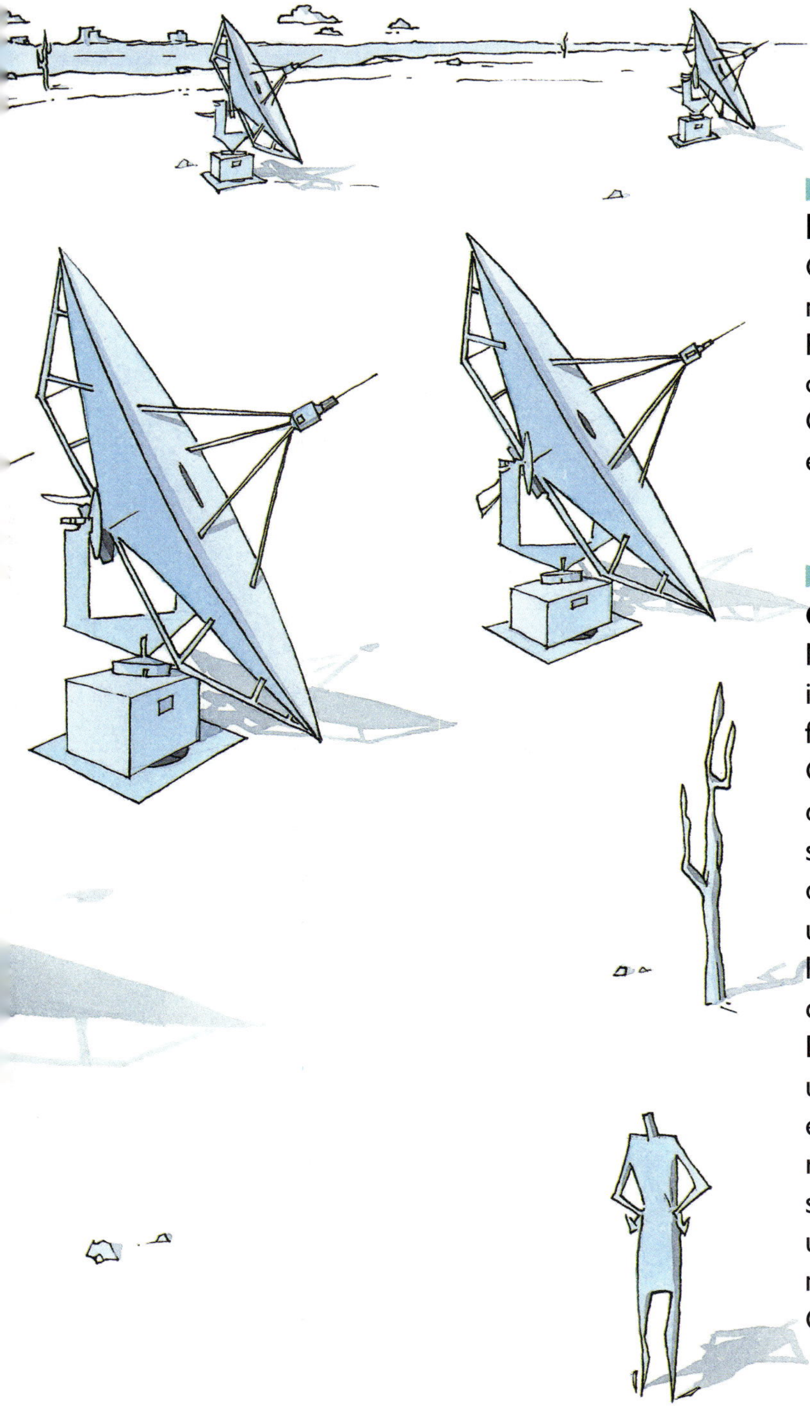

Que « racontent » les ondes radio ?

Certains astres ou certains de leurs comportements ne se manifestent que par des ondes radio.
Par exemple, c'est grâce aux radiotélescopes que l'on a pu dresser la carte de notre Galaxie.
C'est aussi en captant les ondes radio que l'on a pu étudier certains aspects des comètes.

Des radiotélescopes dans le monde entier

Même si, pour des raisons diverses, ils ne se ressemblent pas, tous les radiotélescopes fonctionnent sur le même principe.
Celui d'Effelsberg, en Allemagne, est une parabole de 100 m de diamètre. Celui de Nançay, en France, se présente comme un grand mur de grillage de 200 m de long et de 35 m de haut (presque un terrain de foot !). A Arecibo, sur l'île de Porto Rico, le collecteur est creusé dans le sol : il s'agit d'une cuvette de 300 m de diamètre, couverte d'aluminium.
Dans quelques années sera mis en service Alma, un projet commun de l'Europe, des États-Unis et du Japon, qui sera implanté au Chili. Le plus grand radiotélescope du monde, le VLA *(Very Large Array)*, se trouve au Nouveau-Mexique (États-Unis) : un radio-interféromètre à 27 antennes paraboliques, mobiles sur des rails et distribuées sur 36 km.
Chaque « wagon » pèse 230 tonnes.

Les meilleurs sites d'observation du monde

Bâtir un observatoire, fabriquer de grands télescopes et des instruments performants coûte très cher et prend beaucoup de temps. Aussi choisit-on avec le plus grand soin le lieu où ils seront installés : les conditions doivent être les meilleures possibles.

Un ciel clair...

Pour la plupart des observations astronomiques, il faut que le ciel soit très clair. Les nuages sont les premiers ennemis des astronomes. La lumière des villes est aussi très gênante et empêche de distinguer celle des astres. On cherche donc d'abord des lieux isolés. Il faut aussi choisir des régions où il ne pleut presque jamais et où les nuages ne viendront pas masquer le ciel pendant de nombreux jours d'affilée.

... et de l'altitude

En altitude, la couche d'atmosphère que la lumière des astres doit traverser pour nous parvenir est moins épaisse que dans les plaines. L'air est plus calme, les images sont moins brouillées. L'éclat des étoiles scintille moins. Cela permet des observations de meilleure qualité.
Si l'on tient compte de tous ces critères, ce sont donc les zones désertiques situées en altitude qui sont les mieux adaptées à l'observation : beaucoup de nuits claires, peu d'atmosphère, pas de pollution lumineuse.

Les pionniers

En France, le pic du Midi, dans les Pyrénées, a longtemps été un des meilleurs sites. Perché à 2 900 m d'altitude, il est célèbre aujourd'hui encore pour la qualité de ses images. On y accède par téléphérique. Il abrite le télescope Bernard-Lyot (2 m de diamètre).
Le mont Wilson (1 700 m, dominant Los Angeles, États-Unis) possède un télescope de 2,5 m

de diamètre et un interféromètre pour l'infrarouge comportant 6 télescopes. C'est au mont Wilson qu'ont été faites les premières mesures de diamètres d'étoiles et la découverte de la fuite des galaxies.
Le mont Palomar (1 900 m, États-Unis) est connu pour son télescope de 5 m de diamètre et ses catalogues d'étoiles : des répertoires de mesures concernant des milliers d'étoiles.

L'intérieur de la coupole du télescope de 3,6 m de diamètre. Observatoire de La Silla (Chili).

L'observatoire du pic du Midi en 1907, alors que la coupole Bailland était encore en construction.

Les modernes

Kitt Peak se trouve au milieu de l'un des déserts d'Arizona, à 2 100 m d'altitude. Son télescope de 4 m de diamètre est spécialisé dans les travaux astrophysiques en lumière infrarouge, permettant en particulier d'étudier les objets très lointains ou très peu lumineux.
L'observatoire du mont Hopkins (2 600 m, Arizona, États-Unis) possède un télescope de 6,5 m de diamètre, en service depuis mai 2000.

Les géants

Dans les Andes, au Chili, plusieurs observatoires ont été implantés par les Européens.
C'est au mont Paranal, à 2 600 m, que se trouve le fameux VLT (Very Large Telescope) : 4 télescopes de 8,2 m de diamètre, mis en service en septembre 2000.
L'interféromètre Alma, en cours de construction, toujours au Chili, est le fruit d'une collaboration internationale (Europe, États-Unis, Japon).
Le plus haut de tous, le Mauna Kea, situé sur un volcan éteint, à 4 200 m d'altitude, est doté d'un nombre important de très grands instruments.

Visite d'un observatoire : le site du Mauna Kea

C'est peut-être le meilleur site d'observation du monde. On trouve au sommet de l'île d'Hawaii (États-Unis), une panoplie d'instruments prestigieux, financés par divers États, qui ont permis, par exemple, très récemment de découvrir de nouvelles planètes situées hors de notre Système solaire et d'obtenir des images d'astéroïdes.

Au sommet d'un volcan

Au milieu du Pacifique, sous les tropiques, les îles Hawaii forment un archipel volcanique. Au sud, la grande île qui donne son nom à tout l'archipel est dominée par le volcan éteint Mauna Kea. C'est là, à 4 200 m d'altitude, qu'on trouve l'observatoire, dans un décor désertique de cratères, de lave et de pierre ponce.

Un site international

Plusieurs nations ont implanté ici des télescopes : États-Unis, Canada, France, Japon, Royaume-Uni. Les observations se font en lumière visible, en infrarouge et en ondes radio. À côté d'instruments plus modestes, on trouve un nombre impressionnant de télescopes de grand diamètre.

Des qualités astronomiques exceptionnelles

L'altitude constitue le principal avantage de Mauna Kea : l'observatoire se trouve toujours au-dessus de la couche nuageuse, les nuits sont claires toute l'année (mais il arrive qu'il neige) et le ciel est parfaitement transparent. De plus, l'atmosphère reste le plus souvent calme, ce qui permet d'obtenir une excellente qualité d'image. Quant à la lumière des villes, souvent gênante pour les observatoires, elle est masquée par les nuages qui cachent la ville de Waimea, à 40 km, 3 000 m plus bas. *« Clearly the best »* (« clairement le meilleur »), disent les T-shirts vendus aux visiteurs.

Une belle panoplie d'instruments

Le CFHT (Canada-France-Hawaii Telescope) possède un miroir de 3,6 m de diamètre. Celui du UKIRT, un télescope anglais pour l'infrarouge, mesure 3,8 m. Le Japon travaille avec le Subaru (8 m). Les États-Unis ont implanté Gemini-I (8 m, lui aussi). Son frère jumeau se trouve au Chili. Enfin il y a les deux « 10 m » du KECK, des télescopes internationaux, et le radiotélescope JCMT, qui fait 15 m.

Mirage gravitationnel observé au CFHT du Mauna Kea. L'arc lumineux provient de la déformation des rayons émis par une galaxie cachée derrière une autre, plus proche de nous. C'est une illustration de la théorie de la relativité d'Einstein.

Un monde organisé et multinational

Sur la « crête », on travaille, mais le repos et la restauration sont assurés au « camp de base », Hale Pohaku, à 2 800 m. Les repas sont servis à heures fixes, mais il y a aussi de grands « frigos » toujours pleins. On dort dans un bâtiment à l'écart où le silence est de rigueur pour ne pas réveiller ceux qui dorment.
À chaque grand télescope sont affectées des salles de travail équipées d'ordinateurs et des voitures pour monter sur le site.

Qui accède aux télescopes ?

Les demandes venant du monde entier sont toujours trop nombreuses pour le temps disponible. Deux fois par an, un comité scientifique multinational sélectionne les chercheurs qui pourront venir en mission. Mais ils devront aussi passer une visite médicale, car le travail en altitude présente des dangers pour l'organisme.

Les principales coupoles qui abritent les instruments de l'observatoire du Mauna Kea (Hawaii).

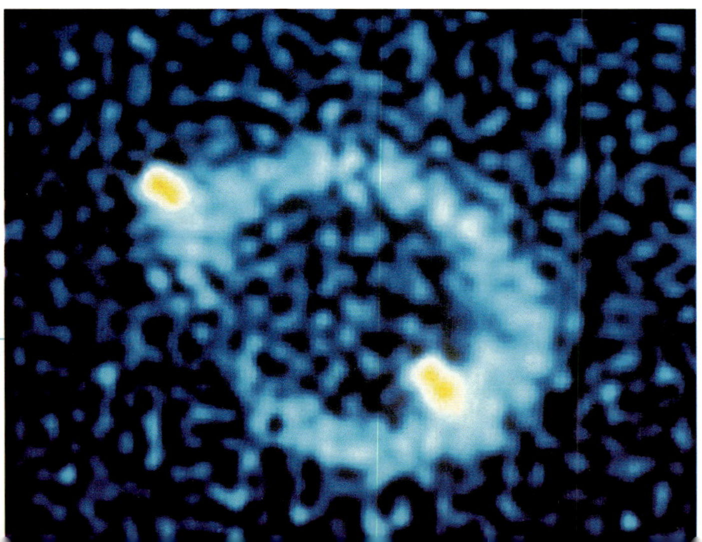

ÉTONNANT !

Premières impressions à mon arrivée au Mauna Kea

Après plus de 24 h d'avion,
une voiture du CFHT (Canada-France-Hawaii Telescope) me conduit vers Hale Pohaku :
2 heures de route où les cocotiers et les fleurs exotiques deviennent plus rares
et laissent place aux champs de lave noire
et aux petits cratères des volcans.
Repas préparé par Steve, l'un des cuisiniers.
En début de soirée c'est la montée en 4x4,
et l'on arrive sur la crête à temps pour voir
s'ouvrir peu à peu les coupoles rougies
par le soleil couchant. L'ombre triangulaire
du volcan s'imprime en bleu foncé
sur la mer de nuages, à l'est.
Sublime !
On pénètre dans le CFHT – ascenseur,
cinq étages. Quelle hâte ! Ne pas courir.
Derniers préparatifs dans la coupole,
on s'affaire aussi devant
les consoles d'ordinateur dans la salle
de contrôle, un étage plus bas,
d'où se conduira l'observation. Un dernier
tour, dehors, sur la passerelle ; la nuit arrive,
le froid aussi. Dave, l'assistant de nuit, pointe
déjà la première étoile à observer...
(Récit d'Yves Rabbia).

Les observations depuis l'espace

Placer un télescope dans l'espace coûte beaucoup plus cher que de construire de gigantesques télescopes terrestres. Pourtant, la qualité des images des télescopes spatiaux justifie la dépense, et les États se regroupent pour mettre en place ces appareils.

Les inconvénients de l'atmosphère

Même dans les meilleurs sites terrestres, la lumière qui parvient aux télescopes, filtrée par l'atmosphère, n'apporte qu'une petite partie des informations disponibles. Les fins détails se perdent à cause des turbulences de l'air.
Tout se passe comme si on regardait à travers une vitre en verre dépoli. De plus, la présence périodique de nuages et l'alternance du jour et de la nuit (le jour, le Soleil nous empêche de voir les étoiles) limitent le temps d'observation.

La solution du problème

Pour éliminer les inconvénients de l'atmosphère, on place les instuments au-dessus d'elle, c'est-à-dire à plusieurs centaines de kilomètres au-dessus du sol terrestre. Dans l'espace, il fait toujours nuit et il n'y a pas de nuages, pas de turbulences : tout l'éventail de la lumière arrive aux instruments. De plus, les télescopes spatiaux sont construits pour fonctionner seuls, en partie téléguidés depuis le sol, sans s'arrêter, tous les jours et 24 heures sur 24. Enfin, il devient inutile de construire les énormes montures des télescopes indispensables pour les instruments placés au sol.

L'utilisation des satellites

Les satellites placés en orbite autour de la Terre permettent d'embarquer des télescopes, des caméras et toutes sortes d'engins d'observation. En dehors de l'astronomie, ils sont destinés à des usages aussi divers que prévoir la météo,

La mission Darwin sera lancée dans les années 2010-2020. Elle doit permettre d'observer des planètes situées hors de notre Système solaire.

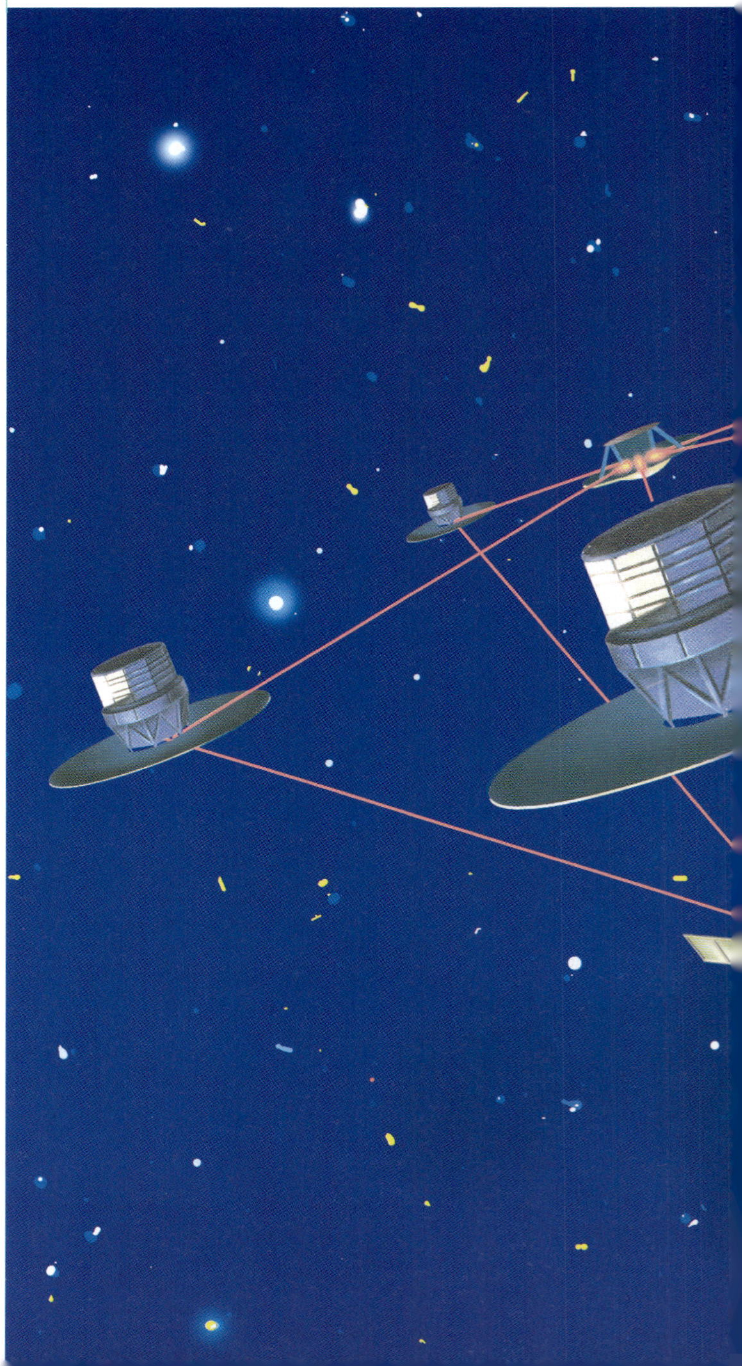

Image du fond des océans obtenue grâce aux observations d'un satellite d'océanographie.

guetter les catastrophes naturelles, espionner les armées et les industries...
Un projet international nommé Earth Global Observing est actuellement à l'étude : il aura pour but d'observer la Terre comme s'il s'agissait de n'importe quelle autre planète, en étudiant son sol, ses océans, son atmosphère, son magnétisme, etc.
Enfin, on utilise les conditions particulières qui règnent dans l'espace et qui n'existent pas sur Terre (impesanteur, basses températures, vide) pour effectuer toutes sortes d'expériences en physique, en chimie ou en biologie : par exemple, pour étudier un nouvel antibiotique.

Une entreprise difficile

Placer des engins dans l'espace n'est pas tout simple ! Les projets spatiaux demandent le plus souvent de 10 à 20 ans de préparation entre la proposition de la mission et le lancement de l'engin.
Une fois en vol, il n'est en général plus possible d'intervenir sur le satellite, et les expériences se déroulent de façon automatique. Si une panne se produit, si un accident interrompt le lancement, si une erreur de calcul est intervenue dans la préparation, des milliards de dollars risquent d'être perdus pour toujours.

Les fusées et les navettes

Les missions spatiales rencontrent toutes une étape décisive : le lancement. C'est lui qui va conduire l'engin spatial à son poste de travail loin de la Terre. Mais les fusées qui assurent le lancement ne servent qu'une fois et ne restent pas en vol assez longtemps pour des vols habités. Les navettes ont été élaborées pour éviter ces inconvénients.

Quitter la Terre

Pour aller dans l'espace, il faut vaincre l'attraction de la Terre, et cela n'est possible que si la vitesse de départ vers le ciel est suffisament élevée : c'est la vitesse d'évasion, égale à 11 km/s. La très forte poussée verticale nécessaire pour atteindre cette vitesse ne peut être obtenue qu'avec les fusées. Elles permettent d'éjecter très rapidement une très grande masse de gaz, ce qui, par réaction, propulse la fusée. Il faut une poussée de 1 000 tonnes durant 130 secondes pour permettre à Ariane-5 d'atteindre la vitesse d'évasion.

La fusée en morceaux

L'évolution des fusées a conduit à fabriquer des engins de plus en plus gros, nécessitant des poussées de plus en plus fortes, pour emporter des charges de plus en plus lourdes. Les fusées comportent plusieurs étages, contenant le carburant et l'oxygène nécessaire à sa combustion. Au cours de la montée, chaque étage est largué dès qu'il est vide, ce qui diminue la masse à pousser. La coiffe, au sommet de la fusée, contient les instruments à placer dans l'espace.

Ariane-5

La fusée Ariane-5, dernier-né des lanceurs européens, emporte 6 tonnes (bientôt 11 tonnes) de charge utile à placer dans l'espace, mais sa masse au départ est de 725 tonnes : seule une toute petite partie de la fusée, la coiffe, contient les instruments. Chaque lancement coûte plusieurs dizaines de millions de francs. Chaque nouvelle Ariane-5 emporte donc à la fois plusieurs satellites à placer en orbite. À la fin d'une mission, il n'y a plus de fusée : elle est détruite au cours du vol. Il faut en construire une autre.

Les débuts de la navette

Dès 1950, on a commencé à réfléchir au moyen de faire revenir les fusées sur Terre et de leur permettre d'emporter des passagers. Les problèmes à résoudre étaient nombreux : masse de l'engin, poussée nécessaire, volume de carburant, chaleur au moment du retour dans l'atmosphère, atterrissage... À la fin des années 1960, un programme de développement d'avion spatial a été lancé aux États-Unis. Le 12 avril 1981, la navette Columbia effectuait son premier vol. Lancée par une fusée, elle atterrissait deux jours plus tard comme un avion. Elle volait à 300 km d'altitude et à la vitesse de 28 000 km/h.

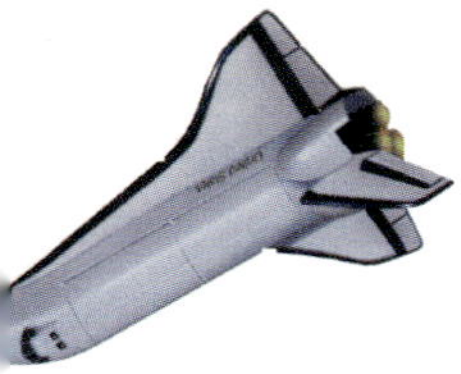

La navette se retourne avant d'entrer dans l'atmosphère de façon à se présenter « ventre en avant ».

Pianoter sur un clavier d'ordinateur lorsqu'on flotte en apesanteur dans la navette n'est pas toujours très facile.

Les « camionneurs de l'espace »

Les astronautes de la navette emportent de lourdes charges, mettent des satellites sur orbite, les récupèrent ou les réparent... De vrais camionneurs de l'espace ! À bord, ils peuvent se déplacer. Ils effectuent des expériences (production d'antibiotiques, fabrication de cristaux, étude de combustion...) en apesanteur.

Le « ventre » de la navette est recouvert de plaques de protection extrêmement résistantes à la chaleur. Sans elles, le vaisseau prendrait feu au moment de son entrée dans l'atmosphère.

Décollage d'Ariane-5, à la base de Kourou, en Guyane.

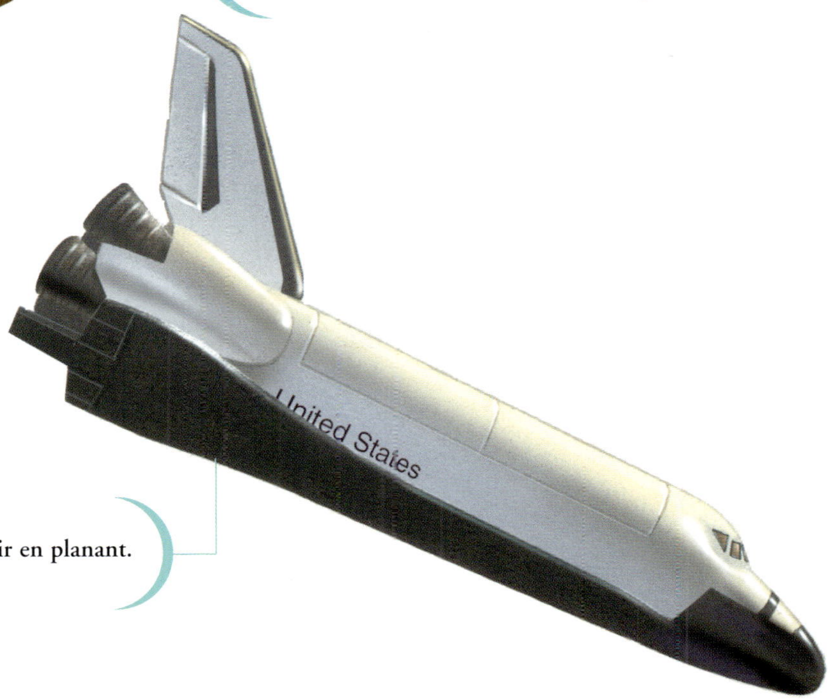

La navette s'apprête à atterrir en planant.

Satellites, sondes et stations

Des hommes ont marché sur la Lune et poseront sans doute un jour les pieds sur Mars. D'autres ont séjourné pendant des mois dans l'espace. Mais, lorsque le voyage doit durer dix ans ou lorsqu'il s'agit de visiter les confins du Système solaire, il devient impossible d'envoyer des hommes. On lance des robots.

Les satellites : des robots captifs

Le nom « satellite » signifie : corps qui tourne autour d'une planète en restant soumis à son attraction. Il existe des satellites naturels, comme la Lune, et des satellites artificiels, créés par l'homme. Lancés par des fusées ou déposés par la navette, ils sont installés sur une orbite à quelques centaines de kilomètres du sol terrestre pour accomplir des missions bien spécifiques. Hipparcos, par exemple, a fait un catalogue de 120 000 étoiles, Chandra observe les rayons X, ISO capte les infrarouges, SOHO étudie le Soleil, Galex s'occupera des galaxies...

Les deux sondes Voyager ont utilisé l'attraction gravitationnelle des planètes pour relancer leur vitesse, changer de direction et continuer leur voyage. 1 : Voyager-1. 2 : Voyager-2. 3 : Soleil. 4 : Terre. 5 : Jupiter. 6 : Saturne. 7 : Uranus. 8 : Neptune.

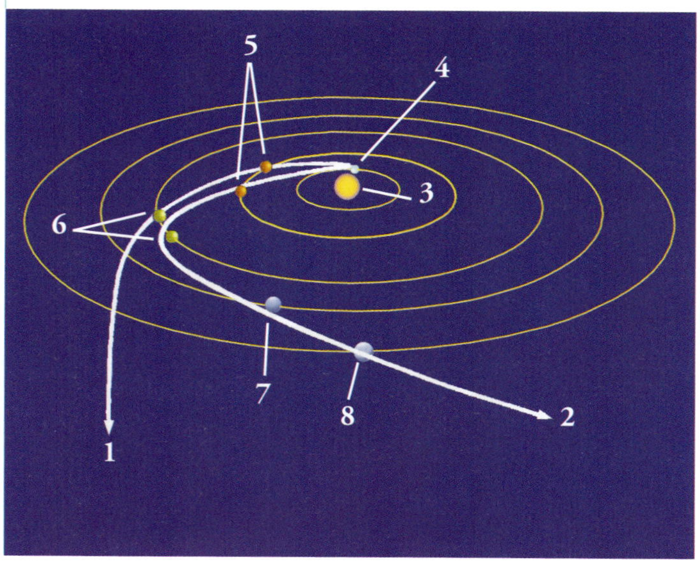

Le travail en orbite

La position des satellites au-dessus de l'atmosphère permet une qualité d'observation impossible à obtenir depuis le sol. Ils envoient les informations sur Terre par radio, comme cela se passe pour les émissions de télévision. La plupart des satellites restent en orbite plusieurs années. Ils utilisent l'énergie fournie par leurs panneaux solaires pour fonctionner. Leur orbite n'est presque pas modifiée, puisqu'ils évoluent dans le vide spatial. Ils finissent tout de même par perdre de leur vitesse et retombent dans l'atmosphère, où ils se désintègrent avant de toucher le sol.

Les sondes : des robots explorateurs

Les sondes spatiales, lancées par des fusées mais également dotées de moteurs propres, s'arrachent à l'attraction terrestre et voguent vers d'autres planètes. Parfois, elles utilisent la force d'attraction des planètes qu'elles croisent pour reprendre de la vitesse. Le plus souvent, leur mission consiste à envoyer régulièrement vers la Terre, par radio, des images de ce qu'elles rencontrent. Les plus extraordinaires, Voyager-l et 2, ont « ricoché » de Jupiter vers Saturne, puis vers Uranus, Neptune et Pluton, avant de s'éloigner pour toujours vers les limites du Système solaire : dix ans de bons et loyaux services ! Certaines sondes se sont posées sur la Lune ou sur Mars pour prendre des photos ou pour effectuer différents relevés. Luna-16 est même revenue sur Terre avec des échantillons de sol lunaire.

Les stations : des « escales » dans l'espace

Parfois, la présence durable de l'homme est indispensable pour mener une mission à bien. Cela nécessite d'utiliser une station spatiale, une sorte d'appartement-atelier-laboratoire flottant dans l'espace. Des ingénieurs, des scientifiques et des techniciens y vivent et y travaillent pendant des semaines ou même des mois. La station Mir, construite par l'ex-URSS, lancée en février 1986 et gérée par 16 pays, a ainsi permis, pendant plus de 10 ans, toutes sortes d'expériences en impesanteur. Détruite en mars 2001, elle sera remplacée par une nouvelle station internationale, aujourd'hui en construction. Cette station, Alpha, sera à la fois un laboratoire, un « immeuble » d'habitation pour les scientifiques et une « escale » entre la Terre et l'espace.

ÉTONNANT !

Angoisse dans l'espace

Vers la fin des années 1990, la station Mir commençait à donner de graves signes de vieillesse. De nombreux appareils tombaient en panne les uns après les autres : système de ventilation, panneaux solaires fournissant l'électricité...
La vie des scientifiques embarqués semblait parfois ne plus tenir qu'à un fil !
En 1997, l'équipage de Mir était en grand danger, à la suite d'une collision avec un engin de ravitaillement.
M. Foale et V. Tsibliyiev ont pu sauver cet équipage en « bricolant » à l'extérieur de la station.

La station internationale Alpha n'est encore qu'en construction. Ce sera un véritable village-laboratoire qui servira aussi d'escale pour la navette, entre la Terre et l'espace.

Hubble : un grand télescope dans l'espace

Jusqu'à la mise en activité de Hubble, en 1990, le diamètre des télescopes placés dans l'espace, en orbite autour de la Terre, ne dépassait pas un mètre. Le diamètre de Hubble mesure 2,4 m ! Et il nous envoie des images extraordinaires, impossibles à obtenir depuis le sol.

Deux qualités à la fois

Plus le diamètre d'un télescope est grand, plus les détails de l'image qu'il donne sont fins et plus il est capable de capter des détails faiblement lumineux. Mais, sur Terre, l'atmosphère gêne l'observation : c'est un véritable écran de gaz. Cela détruit en partie la finesse des détails observés par les grands télescopes terrestres. Hubble, que l'on nomme aussi HST (Hubble Space Telescope), est actuellement le seul à posséder à la fois deux qualités essentielles à d'excellentes observations : il dispose d'un très grand diamètre et n'est pas gêné par l'atmosphère, car il est placé au-dessus. Il nous donne de merveilleuses images.

Toute une panoplie d'instruments

En plus de son télescope de grand diamètre, HST dispose de toutes sortes d'instruments qui le rendent capable de prendre des photos à très grand angle, de capter des lumières très faibles et de percevoir des rayonnements invisibles à l'œil nu. Ainsi, il est doté d'une caméra à grand angle de vue

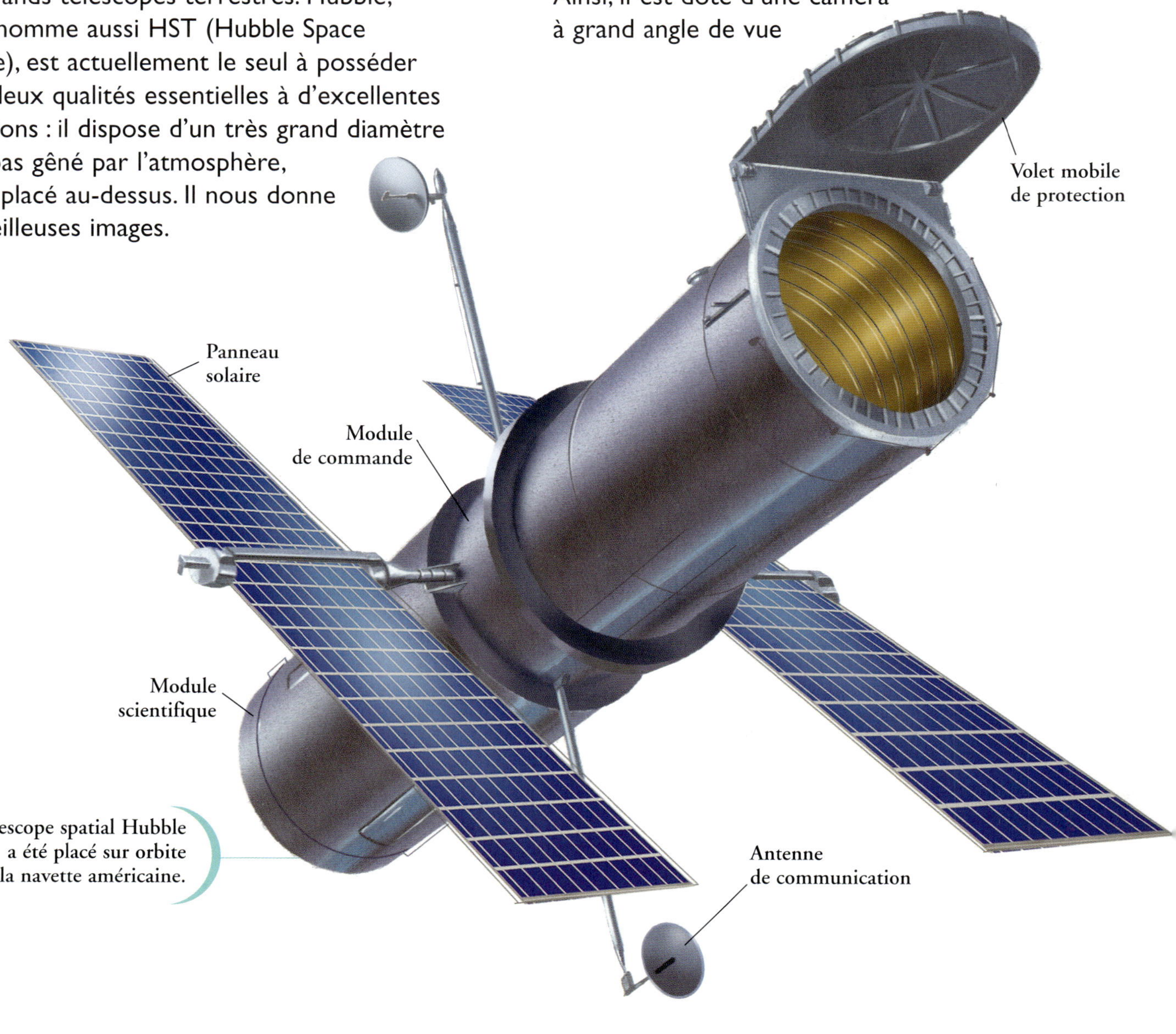

Le télescope spatial Hubble a été placé sur orbite par la navette américaine.

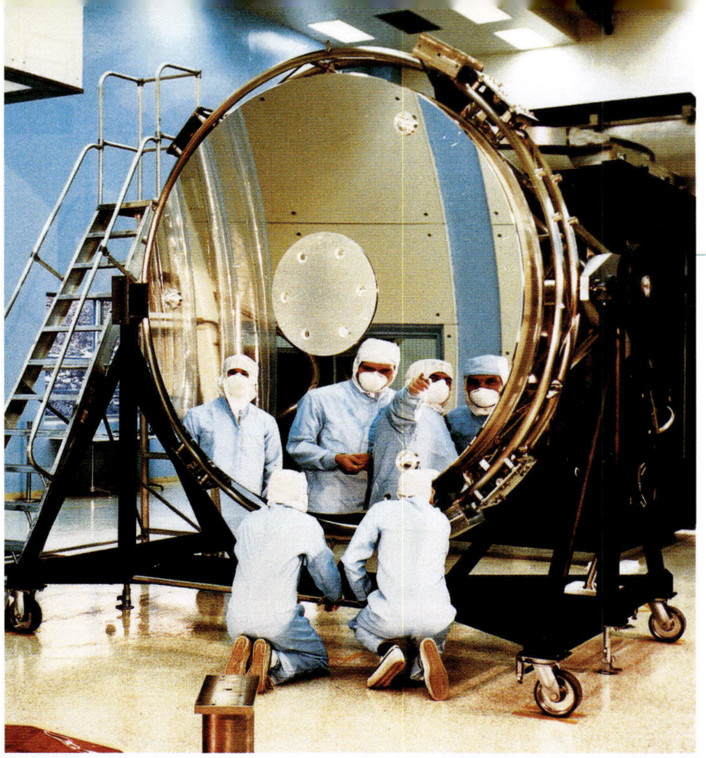

Fabriquer un miroir comme celui de Hubble demande des conditions de propreté extrêmes : la surface doit être polie avec une finesse de l'ordre de la fraction de micron. Poussière interdite !

pour les planètes, les champs d'étoiles et les galaxies et d'une caméra réservée aux objets de très faible rayonnement, appelée FOC (Faint Objects Camera). FOC est hypersensible : une étoile 100 millions de fois moins lumineuse que celles que l'on voit bien à l'œil nu lui apporterait déjà trop de lumière et la rendrait aveugle.
Une autre caméra capte l'infrarouge, une lumière invisible à l'œil nu. Un spectromètre complète la panoplie : il permet d'étudier la composition chimique, la température et le mouvement des astres. Enfin, le spectrographe FOS (Faint Objects Spectrograph) étudie la lumière des objets que peut photographier la caméra hypersensible FOC.

Des débuts difficiles

HST a été réalisé par les agences spatiales NASA (États-Unis) et ESA (Europe), et sa préparation a mobilisé des centaines d'ingénieurs et de chercheurs pendant des années. Son coût se compte en milliards de dollars. Pourtant, après un lancement réussi, la carrière de HST commençait bien mal. Les fins détails attendus n'étaient pas au rendez-vous : Hubble prenait des photos floues ! Heureusement, grâce à la navette spatiale, des astronautes ont pu aller réparer HST.

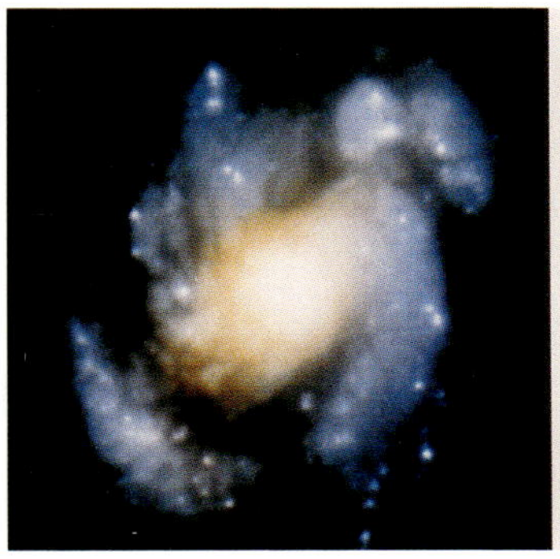

Deux photos de la galaxie M100 prises l'une avant, l'autre après la réparation d'Hubble.

Les missions de Hubble

Un tel observatoire spatial permet d'étudier beaucoup mieux que sur Terre les planètes, la naissance des étoiles, les collisions de galaxies, les supernovae... Aussi, de très nombreux scientifiques du monde entier attendent leur tour pour des missions programmées longtemps à l'avance. L'utilisation du télescope se fait après une demande de temps d'observation à l'Institut scientifique du HST (Baltimore, États-Unis) qui rassemble et sélectionne les candidatures, puis transmet au télescope les ordres pour accomplir les observations. Il n'y a qu'un minimum de « temps morts » passés en manœuvres de pointage ou changements d'instruments.

L'avenir des télescopes de l'espace

La NASA a décidé d'utiliser Hubble jusqu'en 2011. De nouvelles missions de réparation et d'entretien ont été programmées pour rajeunir ses instruments scientifiques. La dernière est prévue pour 2002. Pourtant, HST appartient presque au passé : le lancement de son successeur, le NGST (New Generation Space Telescope) est prévu pour 2007. Cette fois, c'est un diamètre de 8 m qui sera placé sur orbite !

D'autres observatoires spatiaux

Les observatoires en orbite deviennent de plus en plus spécialisés, soit pour faire travailler ensemble des instruments particulièrement adaptés à une partie de l'éventail de la lumière (infrarouge, ondes radio, etc.), soit pour aller plus loin dans un thème de recherche précis. C'est ce qu'illustrent deux satellites de l'Agence spatiale européenne, ISO et SOHO.

ISO : l'Univers en habit infrarouge

ISO, ce sont les initiales d'*Infrared Space Observatory* (« Observatoire spatial pour l'infrarouge »). C'est un télescope de 60 cm de diamètre muni de 4 instruments : un imageur, un photomètre et 2 spectromètres. Sa mission est d'observer le « paysage infrarouge » que présente l'Univers. L'œil ne le perçoit pas et l'atmosphère en cache la plus grande partie à nos détecteurs au sol. Voilà pourquoi on a lancé ISO. Il doit voir le rayonnement émis par des corps froids (bien plus froids qu'un glaçon) comme les nuages de gaz et de poussières interstellaires.
Si le télescope n'est pas lui-même encore plus froid que ces corps, il éblouit les détecteurs, qui ne peuvent plus voir le paysage.

Plus froid que l'espace

ISO ressemble donc à une grosse bouteille Thermos, de plus de 5 m de long et de plus de 2 tonnes, qui abrite les instruments et les maintient au froid. Le froid est obtenu en mettant de l'hélium liquide dans les parois de la « bouteille », car lui seul peut fournir le froid à – 269 °C dont les instruments ont besoin pour bien fonctionner.

Mission accomplie

Comme pour la bouteille Thermos du pique-nique, le froid ne dure qu'un temps : pour ISO, il a tenu de novembre 1995 à mai 1998. Ce télescope avait une sensibilité 1 000 fois meilleure et percevait

La galaxie des Chiens de chasse (M51) vue au CFHT (Hawaii), en lumière visible.

La galaxie des Chiens de chasse vue en infrarouge par ISO. Dans l'espace qui sépare les bras spiraux, de nombreux nouveaux détails apparaissent. L'image est plus dense.

des détails 100 fois plus fins que son prédécesseur IRAS *(InfraRed Astronomical Satellite)*. La mission ISO a été un succés. Elle a apporté une vision nouvelle de l'Univers et de nouvelles questions, par exemple en découvrant de nouvelles régions de formation d'étoiles jusque-là masquées par la poussière interstellaire. C'est SIRFT *(Space InfraRed Telescope Facility)*, satellite infrarouge de la NASA qui prend la suite. Son lancement : décembre 2001.

SOHO : dédié au Soleil

Le nom de SOHO vient de *Solar and Heliospheric Observatory* (« Observatoire pour le Soleil et l'héliosphère »). Cet observatoire spatial est donc entièrement consacré au Soleil. Lancé en 1995, il devait être abandonné en 1998, mais sa réussite a motivé le prolongement de la mission jusqu'en 2003. Décision importante. En effet, notre Soleil apparemment si tranquille devient tous les 11 ans très actif et agité, et un maximum d'activité se situe en 2001. Avec ses 12 instruments, qui se partagent l'observation de la lumière ultraviolette et de la lumière visible, SOHO, posté à 1,5 million de kilomètres de la Terre, est bien placé pour « voir ce qui se passe ».

Que voit SOHO ?

SOHO voit d'abord la surface solaire en détail, avec ses taches et sa granulation. Il voit les éruptions et les protubérances (gigantesques jets de particules). Tout cela témoigne de l'activité du Soleil, que l'on cherche à comprendre. En détectant les mouvements de la surface, SOHO peut aussi sonder l'intérieur du Soleil, comme un médecin qui ausculte un patient. Ensuite, il inspecte la périphérie, que l'on appelle la couronne. Il étudie aussi le vent solaire : la projection de millions de tonnes de particules dans l'espace. Au passage, il perçoit la trace de comètes. Il est même devenu le découvreur de comètes le plus productif.

ÉTONNANT !

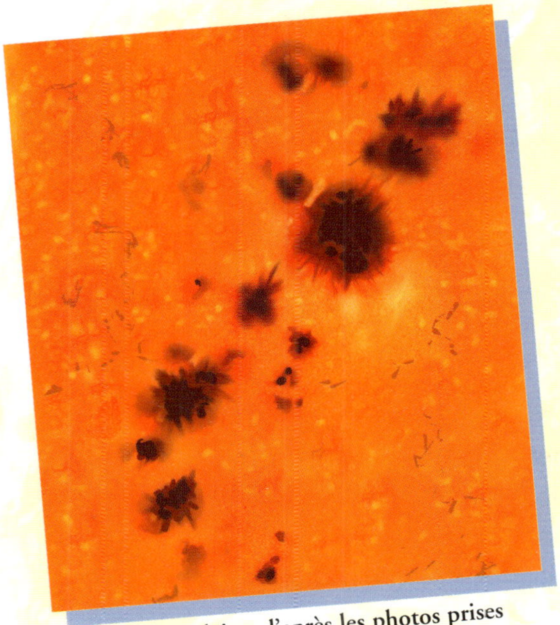

Les taches solaires d'après les photos prises par SOHO.

On a perdu SOHO

En 1998, alors que la mission de SOHO se déroulait si bien que l'on commençait à parler de la prolonger, le contrôle du satellite a tout à coup été perdu pendant plusieurs semaines. Panique ! C'est finalement quatre mois d'observation qui ont été anéantis car, une fois le contrôle retrouvé, il a fallu refaire des tests et des réglages de toutes sortes avant de reprendre le cours normal de la mission.

Les routes vers les planètes

L'exploration des planètes du Système solaire a commencé au début des années 1960. En seulement 40 ans, les sondes nous ont apporté tant d'images si détaillées et de mesures si précises sur tout ce qu'on y rencontre (planètes, satellites, anneaux, comètes, astéroïdes) que les astronomes ont aujourd'hui une vue cohérente du Système solaire et, en particulier, de sa formation.

Se libérer de l'attraction terrestre

Les premières observations spatiales ont été menées lors de vols de courte durée, à bord de fusées. Plus récemment, les satellites en orbite autour de la Terre, véritables plates-formes d'observation, ont permis d'étudier le ciel pendant de longues périodes (souvent plusieurs années). Aujourd'hui, des fusées propulsent des sondes spatiales vers les planètes du Système solaire. Il faut leur communiquer la vitesse folle de 11,2 km par seconde, soit 40 000 km à l'heure, pour qu'elles puissent se dégager définitivement de l'attraction terrestre.

Rebondir entre les planètes

Pour pouvoir aller explorer les planètes, il faut communiquer aux sondes spatiales des vitesses pouvant atteindre quelque 100 000 km/h, correspondant à plusieurs années de voyage pour les missions les plus lointaines. Pour atteindre de telles vitesses, il faut limiter de façon très importante la masse de la sonde, tout en conservant aux instruments scientifiques la majeure partie de la charge. C'est pour cela que les moteurs qui équipent les sondes ne servent qu'aux fines corrections de trajectoire en cours de route. Pour les grands déplacements vers les planètes géantes, ou même pour sortir du système solaire, on fait "rebondir" les sondes entre les planètes (la Terre et Vénus en particulier). En frôlant les planètes, les sondes subissent leur attraction et accélèrent, comme un planeur lorsqu'il plonge momentanément vers le sol pour regagner de la vitesse.

En frôlant les planètes les unes après les autres, la sonde Pioneer utilise leur force d'attraction pour reprendre de la vitesse et prolonger son voyage.

La Lune et Vénus

Dès 1959, les Soviétiques posent les premiers engins automatiques sur la Lune (24 missions Luna et 5 missions Zond).
Les astronautes américains sont les premiers à en fouler le sol (programme Apollo), en juillet 1969. Pour l'exploration de Vénus, les Soviétiques, avec leurs sondes Venera (atterrissage sur Vénus en 1970), et les Americains, avec leurs sondes orbitales Mariner, s'affrontent encore « pacifiquement ». La sonde Magellan cartographie la surface de Vénus de 1990 à 1994.

Avec le premier Spoutnik, lancé en 1957 par les Soviétiques, s'engage la course à la conquête de l'espace, opposant les Soviétiques et les Américains.

Mercure, Mars et les planètes géantes

Mercure n'est visitée que par la sonde Mariner-10 en 1974. La conquête de Mars donne, encore une fois, l'occasion aux Américains et aux Soviétiques de mesurer leur technologie, et ce dès la fin des années 1960 (missions Mariner et Mars). À partir du succès des missions Viking en 1975 (atterrissage), la NASA prend un avantage décisif (mission Mars Pathfinder en 1996).
Avec les missions Voyager, le « Grand Tour » vers les planètes géantes dure 10 années (Jupiter en 1979, Saturne en 1980 et 1981, Uranus en 1986 et Neptune en 1989). Galileo prend le relais autour de Jupiter en 1995.

Les projets

De nombreuses missions planétaires sont programmées par les grandes agences spatiales. Voici les principales : Mercure, avec les missions Messenger en 2004 et BepiColumbo en 2009.
Mars, avec les missions Mars Odyssey en 2001, Mars Express et Mars Exploration Rover en 2003, Mars Reconnaissance Orbiter en 2005.
Saturne et Titan, avec Cassini et Huygens en 2004.
Pluton enfin, avec Pluton-Kuiper Express en 2012.
Malgré les vitesses vertigineuses communiquées aux sondes spatiales, l'exploration des étoiles proches n'est pas pour demain. Ainsi, il faudrait plus de 20 000 ans aux sondes Voyager, à la vitesse de 60 000 km/h, pour atteindre l'étoile la plus proche.

L'exploration de la Lune

La Lune est le premier et le seul corps céleste extérieur à la Terre où l'Homme ait jamais posé le pied et dont nous ayons rapporté des échantillons. Grâce à toutes les missions américaines et soviétiques qui se sont succédé dans les années 1960 et 1970, nous commençons à bien connaître notre voisine.

Les premières missions soviétiques

La sonde soviétique Luna-1 frôle la Lune à 6 000 km, le 2 janvier 1959. Le 13 septembre de la même année, Luna-2 s'approche de la Lune et transmet des informations avant de s'écraser sur son sol, comme prévu. Les Soviétiques parviennent les premiers à photographier la face cachée de la Lune un mois plus tard (Luna-3). Le 3 février 1966, la sonde Luna-9 se pose en douceur sur la Lune. Les premiers échantillons lunaires rapportés sur la Terre le seront grâce à la sonde Luna-16, qui se pose sur la Lune le 17 septembre 1970, tandis que le premier véhicule automatique (Lunokhod-1, radiocommandé depuis la Terre) est débarqué sur la Lune deux mois plus tard par la sonde Luna-17.

La grande compétition

Les Soviétiques ont été les premiers à faire voyager un homme dans l'espace, en restant bien sûr encore très près de la Terre : Youri Gagarine, le 12 avril 1961, à bord du vaisseau Vostok-1. Avec les projets Mercury puis Gemini, les Américains rattrapent leur retard. Ils préparent le terrain pour leur objectif ultime, la Lune, en entraînant leurs astronautes et en testant leur technologie. Ainsi, le 5 mai 1961, Alan Shepard atteint l'altitude de 187 km lors d'un vol de 15 minutes. Scott Glenn, le 20 février 1962, effectue un vol orbital à la vitesse de 28 000 km/h pendant 5 heures.
Avec les missions Gemini, les Américains perfectionnent la technique du rendez-vous spatial, par exemple pour ravitailler un engin en carburant, et lèvent les dernières incertitudes quant aux capacités humaines à travailler en apesanteur.

Apollo-17. Les astronautes disposent d'une « jeep lunaire » pour explorer la surface de notre satellite.

Juillet 1969. Mission Apollo-11.
L'Américain Neil Armstrong photographie son compagnon
Edwin Aldrin au moment où il pose le pied sur la Lune.

Les premiers hommes sur la Lune

Enfin, dans la nuit du 20 juillet 1969, après une dizaine de missions de reconnaissance, c'est l'alunissage de la sonde américaine Apollo-11 : Michael Collins reste à bord, mais Armstrong et Aldrin foulent, les premiers, le sol lunaire. Apollo-17, en décembre 1972, est la dernière mission du programme d'exploration de la Lune, la plus longue et la plus fructueuse sur le plan scientifique grâce, en particulier, aux analyses des roches faites directement sur le terrain par le géologue Harrisson Schmitt.

La sonde Clementine

Le dernière sonde à quitter le sol lunaire est la sonde soviétique Luna-24, qui rapporte sur la Terre, en août 1976, une quantité d'échantillons prélevés sur la Lune. Il faut attendre une vingtaine d'années (les programmes lunaires coûtent cher !) pour que les Américains s'intéressent de nouveau à la Lune, en envoyant, le 25 février 1994, la sonde Clementine. Elle cartographie la Lune en ultraviolet, en lumière visible et en infrarouge. Initialement prévue pour aller ensuite observer de près l'astéroïde Geographos, la mission s'interrompt en mai 1994 à la suite de dysfonctionnements des ordinateurs de bord.

ÉTONNANT !

Les projets de bases lunaires

La construction de bases lunaires habitables fait partie des projets envisageables. L'exploitation du sous-sol lunaire, extrêmement riche en métaux, fait rêver de nombreux industriels. En installant une base permanente sur la Lune, les scientifiques auraient également la possibilité de mener des observations astronomiques de longue durée sans être gênés par l'atmosphère terrestre. À la condition de s'installer au creux d'un cratère proche d'un pôle lunaire, où la lumière solaire ne pénètre jamais, ce seraient ainsi, pendant 24 heures sur 24, des observations qui pourraient être entreprises tout au long de l'année.

Le programme d'exploration de Mars

C'est pour y trouver des traces de vie que l'on s'acharne à explorer Mars. Malheureusement, les analyses des sondes Viking n'en ont décelé aucune. Les scientifiques se lancent alors dans un programme intensif d'exploration martienne qui devrait conduire, avant la fin du XXIe siècle, aux premiers pas de l'Homme sur la planète rouge.

Mariner : les premières photos

Depuis 1965, Mars est la cible régulière de sondes radiocommandées. En 1969, les sondes américaines Mariner-6 et 7 photographient 20 % de sa surface avec une assez grande précision : le plus petit détail perceptible mesure 2 km. Puis Mariner-9 se place en orbite autour de Mars, en novembre 1971, et transmet des images et des mesures plus variées, qui viennent compléter les observations des deux sondes précédentes.

Les missions Mars : la série noire

Les Soviétiques rencontrent de nombreux problèmes techniques. La sonde Mars-1, lancée en novembre 1962, reste muette. Mars-2 et 3 interrompent brutalement leurs transmissions à leur arrivée en orbite martienne. Mars-4, lancée en 1973, rate carrément son rendez-vous planétaire et passe à côté. Il faut attendre Mars-5 pour obtenir des photos de la surface. Et la série noire continue : le module de descente de Mars-6 manque son « atterrissage » et Mars-7 perd tout contact radio avec la Terre, 8 mois seulement après son lancement.

Viking-1 et 2

Après avoir parcouru quelque 675 millions de kilomètres en 10 mois, les deux sondes américaines Viking se mettent en orbite martienne en juin et en août 1976. À peine un mois plus tard, les modules de descente se détachent des sondes et viennent se poser sur la surface. Elles sont à la recherche d'une forme quelconque de vie sur Mars. Mais rien ne montre alors la présence d'organismes vivants semblables aux organismes terrestres, au moins sur les sites d'atterrissage.

Le pôle Nord de Mars reconstitué à partir des multiples photos prises par Mariner-9.

En 1976, la sonde Viking est la première à déposer un module de descente sur la planète Mars.

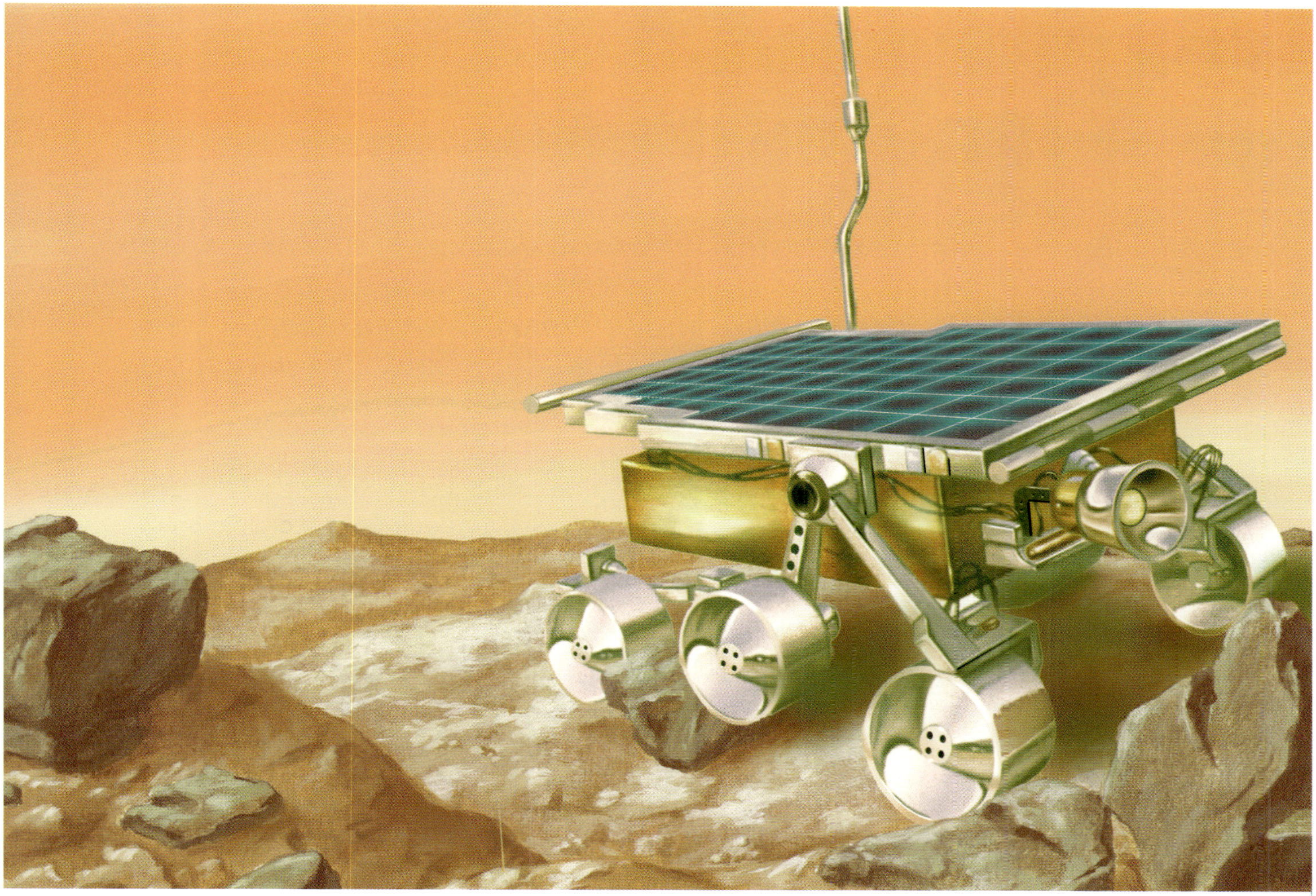

Après avoir rebondi sur le sol martien, le petit robot Pathfinder entreprend une reconnaissance sur une centaine de mètres.

Pathfinder : le tour de force

Le 4 juillet 1997, un robot automobile se pose sur Mars après 7 mois de voyage. Ou plutôt « rebondit » sur Mars, car, à cette occasion, on teste une nouvelle technique d'atterrissage : des coussins gonflables géants entourent le véhicule pour amortir le choc comme des airbags. La mission américaine Pathfinder est un succès : le robot, piloté depuis la Terre, parcourt une centaine de mètres en analysant le sol et en envoyant des images vers la Terre.

Des projets ambitieux

La NASA poursuit son programme d'exploration de Mars, étalé de 1997 à 2006, en envoyant deux sondes tous les 26 mois environ. À partir de 2003, Européens et Américains seront associés pour la sonde Mars-Express, qui aura pour mission de rechercher de l'eau sous la surface et de faire atterrir un nouveau module. Deux robots automobiles d'exploration seront également lancés la même année. En 2005 aura lieu, en orbite, une mission permettant de choisir des sites favorables à un bon atterrissage. Cette fois-ci, la précision des images au sol sera de 20 à 30 cm ! Suivra alors l'envoi sur le sol de plusieurs modules-laboratoires de longue durée. Le retour d'échantillons collectés sur Mars n'est pas prévu avant les années 2010.

L'exploration des planètes géantes

L'exploration des planètes géantes par les sondes automatiques a été préparée par les missions Pioneer, dans les années 1970, puis accomplie avec succès par les missions Voyager, 10 ans plus tard. Pluton est aujourd'hui la seule planète du Système solaire à n'avoir pas encore été explorée.

Pioneer

C'est avec Pioneer-10 que débute l'exploration des planètes géantes par les Américains. La sonde survole Jupiter en 1973, suivie, en 1974, par Pioneer-11. Les deux sondes jumelles automatiques transmettent une série d'images de l'atmosphère de Jupiter. Puis, mettant à profit l'attraction de la grosse planète, Pioneer-11 est déviée vers Saturne, qu'elle frôle en septembre 1979 et dont elle photographie de près, pour la première fois, le très complexe système d'anneaux.

Jupiter et ses satellites

Entre-temps, les sondes jumelles américaines Voyager-1 et 2, lancées en 1977 et dérivées des précédents engins des missions Mariner et Viking, atteignent Jupiter après deux ans de voyage et « visitent » ses satellites. Voyager-1 traverse l'orbite de Callisto début mars, dont elle fournit des vues rapprochées, ainsi que de Ganymède. Rasant Io à seulement 18 000 km, elle en donne des détails exceptionnels. Avant de repartir vers Saturne à la vitesse d'un million de kilomètres par jour, elle nous envoie des vues plus lointaines d'Europe et d'Amalthée.

Autour de Saturne

Voyager-2, à la poursuite de sa jumelle, dépasse Jupiter en juillet et photographie de nouveau ses satellites. Saturne est atteinte en novembre 1980 et août 1981. Voyager-1 frôle Titan à seulement 4 000 km, tandis que Voyager-2 survole d'assez près les autres satellites, plus petits. Le grand billard cosmique continue : Voyager-2 atteint Uranus en janvier 1986, puis Neptune en août 1989, tandis que Voyager-1 poursuit sa route vers les étoiles.

Le voyage interstellaire

Bien que les sondes Voyager aient rempli leur mission initiale, elles sont toujours en activité et nous fournissent encore de précieux renseignements sur le milieu interplanétaire et les limites du Système solaire, que Voyager-1 a atteint en décembre 2004.

Un croissant de Jupiter
photographié par Voyager-1 en mars 1979.

On pense que les sondes cesseront définitivement d'émettre vers 2020, à cause de la baisse progressive de puissance électrique fournie par les générateurs au plutonium embarqués à leur bord. Elles auront alors effectué 40 ans de bons et loyaux services !

ÉTONNANT !

Plaque d'aluminium apposée sur les sondes Pioneer-10 et 11 et comportant un message à destination d'eventuels extraterrestres.

Des bouteilles à la mer

Les scientifiques ont profité des sondes Pioneer et Voyager, destinées à sortir un jour du Système solaire, pour lancer des « bouteilles à la mer ». Pioneer-10 et 11 emportent avec elles des « cartes postales », sous la forme d'un message gravé sur des plaques d'aluminium. Le message comprend, entre autres, les silhouettes d'un homme et d'une femme ainsi que des renseignements de nature scientifique (trajectoire de la sonde dans le Système solaire, molécule d'hydrogène, positions de 14 pulsars au moment du lancement). Les messages embarqués par Voyager sont plus élaborés et sont contenus sur des disques en or chargés de signaux transformables en images et en sons, de nature artistique et scientifique (extraits de musique, paysages, salutations exprimées en 55 langues). Ne nous attendons pas à recevoir de réponse avant longtemps, car il faudra aux sondes au minimum 100 000 ans pour atteindre les étoiles les plus proches !

Voyager-1 et 2 poursuivent inlassablement leur voyage. Elles sont en train de quitter le Système solaire, à la vitesse d'un million de kilomètres par jour.

Galileo et Cassini

Avec les sondes Galileo et Cassini, l'exploration des planètes géantes ne se limite plus à leur seul survol et à celui de leurs satellites. Galileo et Cassini emportent des modules de descente, de petits engins destinés à se détacher de la sonde pour plonger vers les planètes à explorer. Le but de ces missions ? Sonder respectivement les atmosphères de la planète Jupiter et de Titan, le plus gros des satellites de Saturne.

En route vers Jupiter

Lancée le 18 octobre 1989 par la navette américaine Atlantis, la sonde Galileo est en orbite autour de Jupiter depuis décembre 1995. Pour l'envoyer vers la planète géante, les experts de la NASA ont utilisé l'attraction de Vénus puis celle de la Terre. Cette trajectoire un peu particulière a permis non seulement de régler ses instruments au passage des deux planètes, mais encore d'obtenir des images détaillées de la surface des astéroïdes Gaspra et Ida, qu'elle a croisés successivement fin octobre 1991 et fin août 1993.
En route vers Jupiter, la sonde a également pu assister en direct, à 240 millions de kilomètres de distance, à la collision de la comète Schoemaker-Levy-9 avec la planète géante.

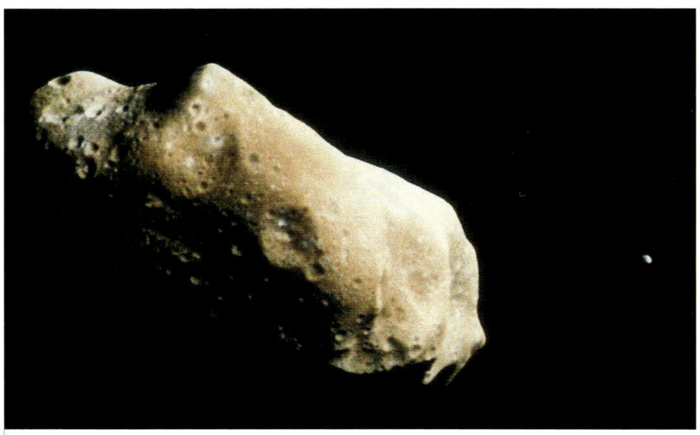

Un gros caillou (56 x 24 x 21 km) perdu au milieu du vide : l'astéroïde Ida, photographié par Galileo. Le point lumineux sur la droite est un autre astéroïde : Dactyl (1,2 x 1,4 x 1,6 km).

Galileo autour de Jupiter

La mission principale de Galileo commence réellement en juillet 1995, lorsque la sonde se sépare du module qui doit plonger dans l'atmosphère de Jupiter. Le module entame sa descente le 7 décembre, freiné par ses seuls parachutes, et fournit, pendant une heure et sur 300 km, de précieux renseignements sur la composition et la structure de l'atmosphère jovienne, avant de disparaître définitivement à cause des conditions extrêmes de température. Galileo, servant de relais, transmet ses mesures à la Terre, puis continue son périple autour de Jupiter. Elle rend visite aux principaux satellites (Io, Europe, Ganymède et Callisto) entre juin 1996 et novembre 1997. Les observations d'Europe par Galileo ont déjà permis d'avancer l'hypothèse de l'existence d'un océan liquide sous la surface gelée de ce satellite. La NASA a décidé d'étendre la mission Galileo au moins jusqu'en 2001.

Avant de se lancer dans son incroyable voyage interplanétaire, la sonde Galileo se retourne pour prendre des photos de la Terre qu'elle vient de quitter.

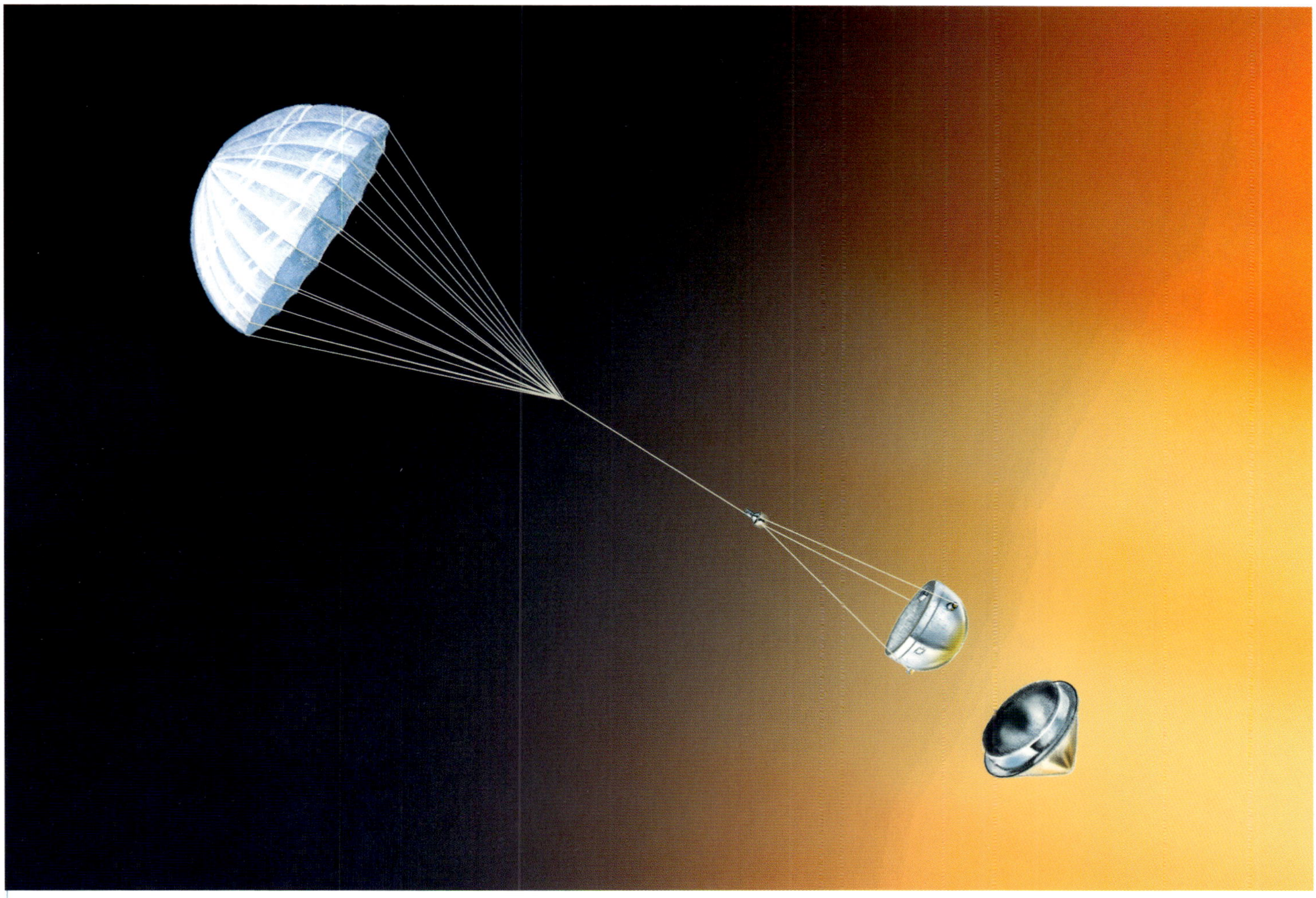

En décembre 1995, le module de descente de Galileo plongeait vers l'atmosphère de Jupiter à 1 600 km/h, en déployant son parachute. Ses instruments sont protégés par un bouclier.

Cassini

Dédiée à l'exploration du système de Saturne, la sonde Cassini a été lancée le 15 octobre 1997 du cap Canaveral. Comme Galileo, la sonde Cassini comprend deux modules : le premier a été placé en orbite autour de Saturne et le second, Huygens, construit par l'Agence spatiale européenne, s'est posé sur Titan après avoir analysé son atmosphère. Le 14 janvier 2005, Huygens devrait nous transmettre des images panoramiques de la surface de Titan. Plusieurs options sont toujours à l'étude pour la suite à donner au programme Cassini après 2008 : partir plus loin rencontrer une autre planète ou un astéroïde, traverser les anneaux de Saturne, procéder à un passage rasant de Titan, en pénétrant même dans son atmosphère... Rien n'est encore décidé.

ÉTONNANT !

Le survol du millénaire

Fin décembre 2000, la NASA décide de fêter à sa façon le passage au nouveau millénaire. La sonde Cassini, en route vers Saturne, passe « à proximité » de Jupiter (14 millions de kilomètres), au moment où la sonde Galileo est toujours en orbite autour de la planète géante. La NASA décide alors de procéder à des observations simultanées, mais selon divers angles de vue et à des distances différentes, de Jupiter et de son environnement magnétique. Deux sondes pour une même planète. Un luxe !

L'exploration des comètes et des astéroïdes

Depuis le dernier passage de la comète de Halley en 1986, l'exploration des comètes bat son plein. De nombreuses sondes partent à leur rencontre car elles pourraient bien nous renseigner sur les origines du Système solaire.

Une armada de sondes

Le retour de la comète de Halley dans le Système solaire en 1986 a été l'occasion de procéder pour la première fois à une mission d'exploration conjointe entre différentes nations : les Européens, avec la sonde Giotto ; les Japonais, avec les sondes jumelles Sakigake et Suisei ; et les Russes, avec Vega-1 et 2. Le 13 mars 1986, Giotto passe à moins de 600 km du noyau de la comète. Les images transmises montrent un bloc rocheux, sombre et poussiéreux, en forme de cacahuète : 15 km de long et 7 à 10 km de large. En juillet 1992, la sonde Giotto est réactivée pour survoler le noyau de la comète Grigg-Skjellerup à seulement 200 km de distance.

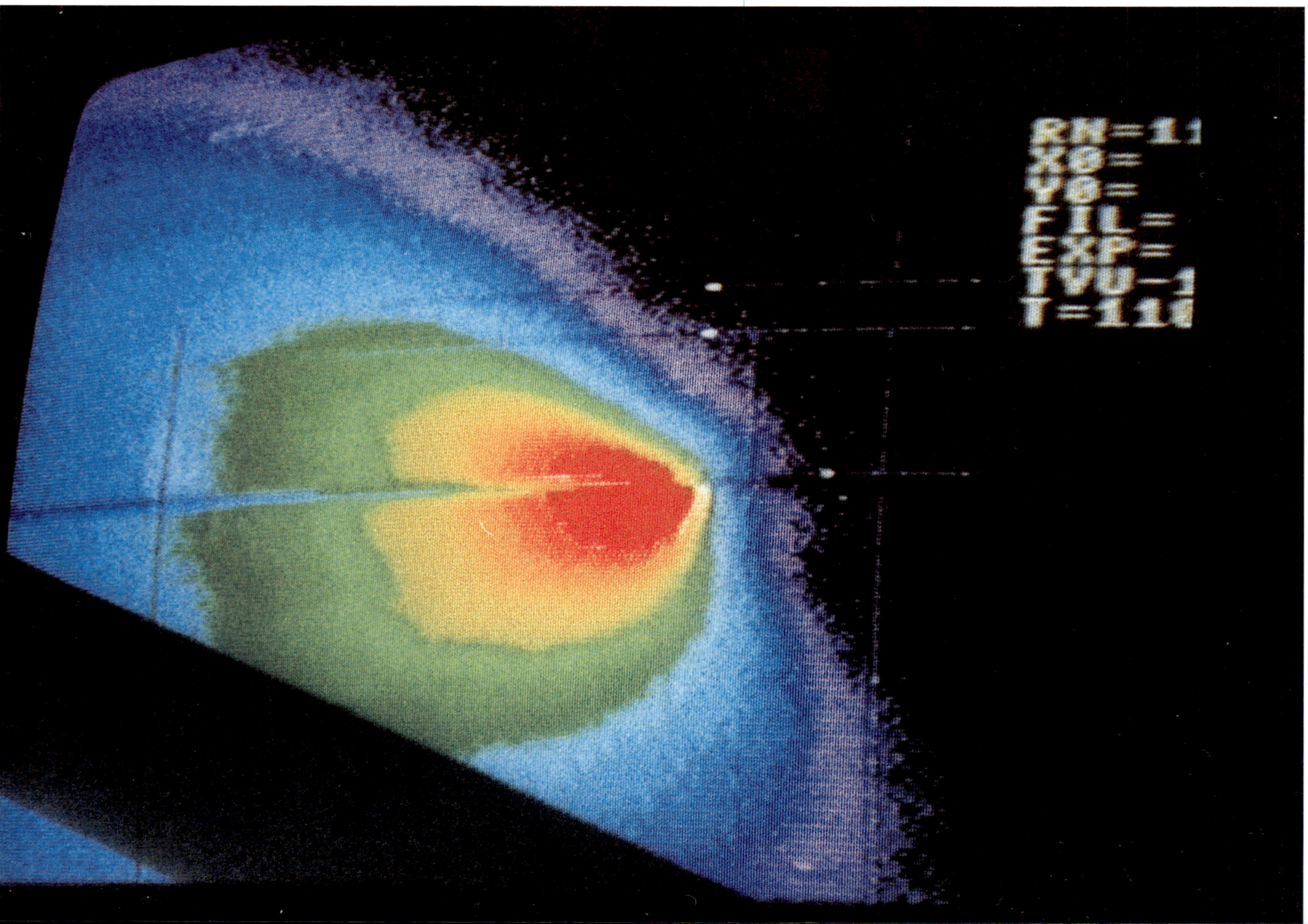

Le noyau de la comète de Halley vu en fausses couleurs par la sonde russe Vega en mars 1986. On dirait une aile de papillon...

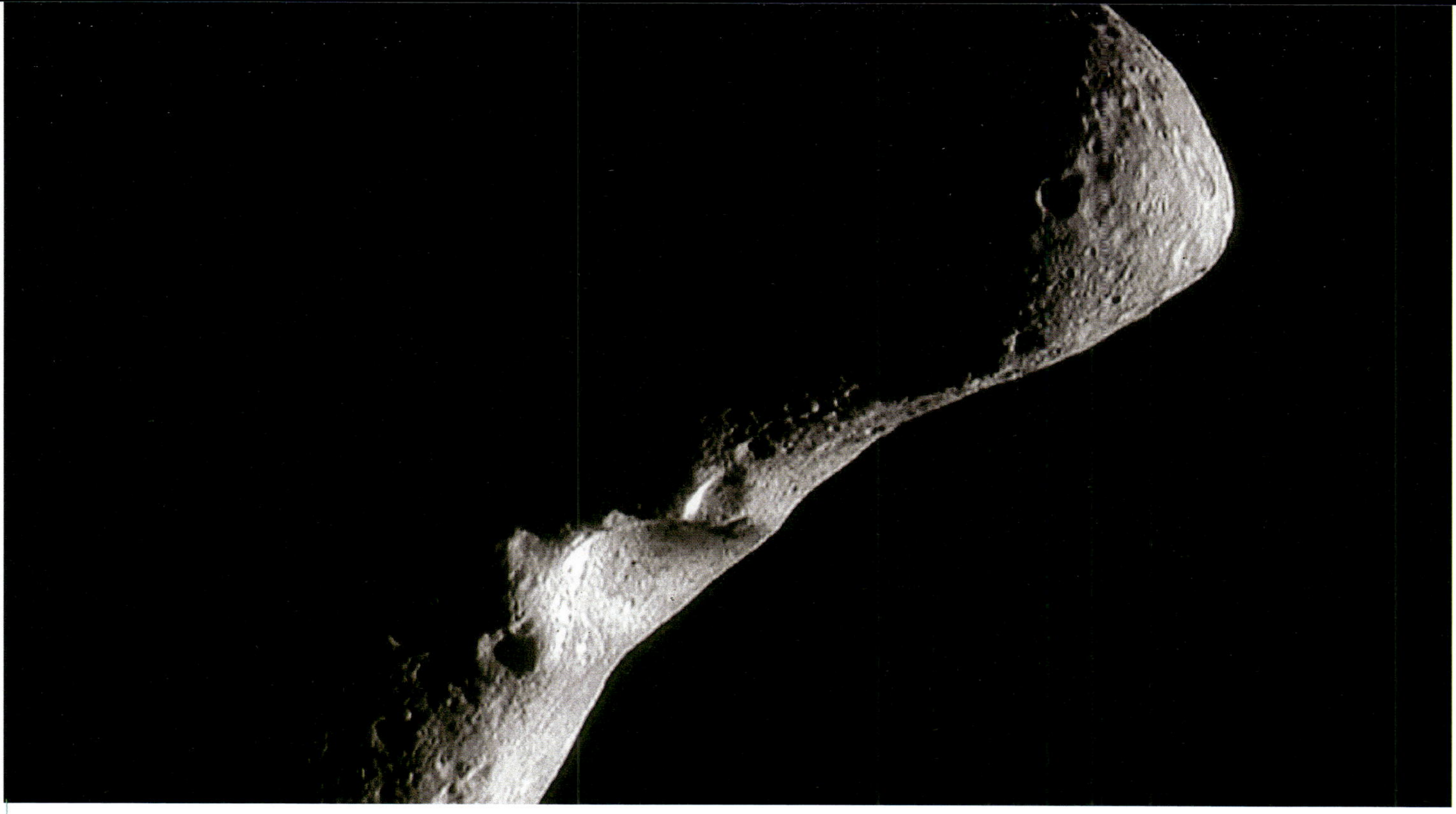

L'astéroïde Éros, vu par la sonde Near, en février 2000.
L'orbite d'Éros est proche de celle de Mars.

L'origine des comètes

Forte du succès de la mission Giotto, l'ESA (Agence spatiale européenne) décide, en 1993, de s'engager dans une nouvelle mission d'exploration cométaire. C'est la mission Rosetta qui doit poser un module d'atterrissage sur le noyau même de la comète Wirtanen. Son lancement, depuis la base de Kourou, en Guyane, est prévu pour janvier 2003 et le rendez-vous cométaire est programmé pour fin 2011.
Les objectifs scientifiques de la mission sont d'étudier l'origine des comètes et les relations entre la matière cométaire et la matière interstellaire.
On souhaite ainsi obtenir des informations sur l'origine du Système solaire lui-même, car les comètes se sont formées en même temps que lui.

L'exploration des astéroïdes

Les premières images d'astéroïdes ont été obtenues par la sonde Galileo en 1991. La sonde américaine Near-Shoemaker est, depuis le 12 février 2001, la première sonde à avoir atterri sur un astéroïde.
En décembre 1998, la sonde croise l'astéroïde Éros une première fois, puis se place en orbite autour de lui en février 2000 pour réaliser des cartes détaillées de sa surface.

Lors de sa descente, freinée par 4 fois, Near-Shoemaker transmet à la Terre 69 vues très rapprochées du sol. Bien que la sonde n'ait pas été conçue à l'origine pour atterrir, elle continue, jusqu'au 28 février, à transmettre à la Terre des mesures d'analyses chimiques avant de se taire définitivement.

ÉTONNANT !

Rapporter des échantillons

Il ne règne qu'une faible gravité à la surface des comètes et des astéroïdes, comparativement aux planètes.
Il serait donc possible d'en faire redécoller des sondes après leur atterrissage.
Elles pourraient ainsi revenir sur Terre en rapportant des échantillons collectés sur les comètes et les astéroïdes.
Plusieurs projets sont actuellement à l'étude dans les agences spatiales.
Certains scientifiques vont même jusqu'à parler de bombarder une comète, créant ainsi un cratère de la taille d'un terrain de football, pour en étudier les débris et la composition interne !

L'Univers est le théâtre de tous les extrêmes :
des températures de dizaines de milliers de degrés,
des distances de milliards d'années-lumière...
Pour observer et analyser tout cela, les astrophysiciens
utilisent une grande variété de méthodes.

Les méthodes en astronomie

La matière qui compose l'Univers

L'Univers, c'est du vide et des particules. En effet, les êtres et les objets présents dans l'Univers (un chat, un arbre, une voiture, le Soleil, les galaxies...) sont des assemblages de particules.
Ce qui rend les choses différentes, c'est la manière de faire l'assemblage.
Mais que sont ces particules ?

L'atome : l'élément de base

On ne peut pas diviser sans cesse un morceau de fer : la plus petite parcelle de fer que l'on peut obtenir s'appelle un atome (du mot grec qui veut dire « indivisible »). Il y a plusieurs sortes d'atomes, un peu plus de 100. On dit un « atome d'hydrogène », un « atome d'oxygène », « de sodium », « de fer » ... Ces substances sont des « corps purs », constitués d'une seule sorte d'atomes.

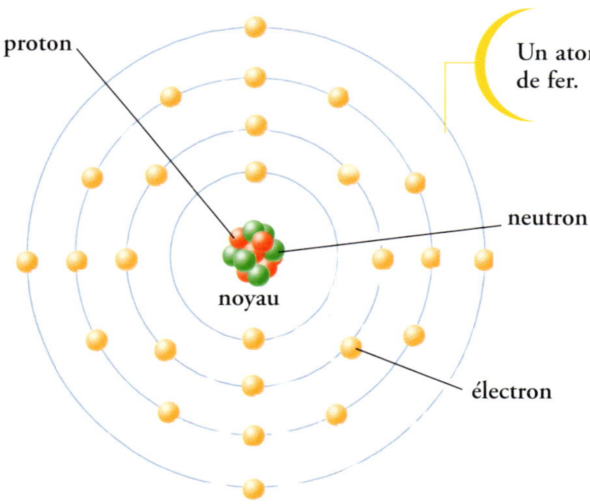

Un atome de fer.

Une molécule d'eau (H_2O).

Un pas de plus dans l'assemblage : les molécules

En combinant des atomes pour en faire des petits paquets identiques, on obtient des molécules. Par exemple, deux atomes d'hydrogène combinés avec un atome d'oxygène forment une molécule d'eau, la plus petite parcelle d'eau qui puisse exister. L'eau n'est donc pas un corps pur : c'est un corps composé. Des quantités de substances différentes, comme le gaz carbonique, la rouille, les colorants, les arômes alimentaires, peuvent être formées ainsi en changeant la composition du paquet d'atomes. Nous sommes nous aussi composés d'atomes et de molécules.

Encore plus petit que l'atome

En étudiant les atomes, on a découvert que chacun est un assemblage de particules encore plus petites, les neutrons, les protons et les électrons. Neutrons et protons, collés ensemble, forment un noyau autour duquel tournent les électrons. Il y a autant d'éléctrons que de protons. On a constaté que, selon la manière de grouper ces particules, on fabrique notre centaine d'atomes différents. Tout l'Univers est-il donc fait avec trois types de particules (neutrons, protons et électrons) ? Presque. Ce sont les acteurs principaux. Mais la recherche actuelle semble montrer que les protons et les neutrons sont eux-mêmes des assemblages de particules de masse encore plus petite appelées « quarks ». En fait, cela ne change pas vraiment notre jeu de construction.

Les trois états de la matière

La matière se présente sous trois formes différentes : les gaz, les solides et les liquides. Dans les gaz, les atomes sont en liberté, animés de mouvements désordonnés. Voilà pourquoi les gaz s'échappent. Dans les solides, au contraire, les atomes restent à leur place. Voilà pourquoi une roche, par exemple, ne change pas de forme. Dans les liquides, les atomes glissent les uns contre les autres comme dans une foule dense. Voilà pourquoi les liquides n'ont pas de forme précise et coulent.
Selon la température, la matière peut passer d'un état à l'autre : l'eau liquide chauffée s'évapore en gaz. Refroidie, elle devient un solide : la glace.

Un quatrième état : les plasmas

Dans l'Univers, à cause des conditions de pression et de température particulières, il arrive que des atomes soient « cassés » : ils perdent alors des électrons qui se retrouvent en liberté, comme dans les gaz.
Mais ce mélange d'atomes cassés se comporte différemment des gaz, ils forment un quatrième état de la matière : les plasmas.
On rencontre peu de plasmas sur Terre, sauf par exemple dans les éclairs ou dans les tubes au néon. En revanche, on pense que 90 % de la matière de l'Univers est constituée de plasmas.

Ce nuage de protons, visible dans la nébuleuse d'Orion grâce au télescope pour l'infrarouge de Hubble, est un exemple du plasma contenu dans l'univers.

Dans cet accélérateur de particules du CERN (Centre d'études et de recherche nucléaires), en Suisse, on « casse » les particules en les faisant s'entrechoquer très violemment, pour étudier les « morceaux » qui les composent et mieux comprendre la matière.

Les changements de la matière

Les changements de la matière expliquent une grande partie de ce que nous observons dans l'Univers. Nous voyons tous les jours la matière se transformer : le fer devient rouille, l'essence brûle et produit des gaz d'échappement. C'est le résultat de réactions chimiques. Il y a d'autres transformations, moins courantes. Mais, pour toutes, il s'agit d'un changement dans l'assemblage des particules qui forment la matière.

Les réactions chimiques

Les molécules formées d'atomes, constituent les corps composés, comme le sucre ou le gaz butane. Elles peuvent se décomposer, échanger des atomes avec d'autres molécules et ainsi recomposer d'autres molécules, ce qui produit de nouvelles substances : le butane et l'oxygène de l'air donneront du carbone et de l'eau. C'est une réaction chimique. Pour qu'elle démarre, pour casser les molécules, il faut de l'énergie (chaleur ou étincelle, par exemple). Au moment du nouvel assemblage, on peut au contraire récupérer de l'énergie. C'est ce qui se passe dans la combustion du carburant des voitures, dans les explosions ou simplement dans la digestion des aliments par notre corps. Les réactions chimiques gardent les atomes intacts. C'est leur assemblage qui est modifié.

L'énergie solaire utilisée par ces grands panneaux déployés est le résultat de la fusion nucléaire naturelle qui se produit dans le cœur du Soleil.

Les réactions nucléaires

« Nucléaire » signifie : « qui concerne le noyau ». Les transformations nucléaires se produisent au niveau du noyau des atomes. Les noyaux peuvent être cassés : on dit alors qu'il y a « fission ». Ils peuvent aussi s'assembler : c'est la « fusion ». On obtient de nouveaux noyaux, mais surtout un grand dégagement d'énergie. La fission peut être brutale, explosive. C'est ce qui se passe dans les bombes atomiques, que l'on appelle aussi les bombes A. Elle peut aussi s'accomplir lentement, comme dans les centrales à énergie nucléaire. La fusion demande des températures de millions de degrés. Elle se produit naturellement dans le cœur des étoiles. C'est ce qui les fait briller. La fusion peut aussi être produite artificiellement, de façon explosive : c'est ce qui se passe dans les bombes thermonucléaires, également appelées bombes H.

Dans une centrale nucléaire, on procède artificiellement à la fission du noyau des atomes. Cela fournit de l'énergie.

Les relations entre la matière et la lumière

La lumière apporte de l'énergie, ce qui produit des réactions chimiques. Certaines nous sont très familières et se passent tous les jours sous nos yeux : le bronzage de la peau, par exemple, ou la photosynthèse dans les plantes, qui leur permet d'assimiler les éléments puisés dans le sol. Mais la lumière agit aussi sur la matière en augmentant l'agitation des molécules de gaz, ce qui produit un échauffement. Elle peut aussi arracher des électrons aux atomes : cela se passe couramment dans le milieu interstellaire. À l'inverse, les atomes peuvent produire de la lumière : voilà pourquoi les étoiles rayonnent.

En brûlant, le carburant produit de grandes quantités de gaz. La violente éjection de ces gaz propulse la fusée par réaction : c'est le décollage.

Observation et recherche expérimentale

Les astronomes annoncent régulièrement des informations fabuleuses et des nombres hallucinants. Il est légitime de se demander : « Comment peut-on affirmer ainsi ce qui concerne des astres si inaccessibles ? » La réponse tient à la méthode employée pour approcher la « vérité ».

Les faits d'observation

On ne peut pas agir sur les astres, on ne peut que les regarder vivre. Vouloir comprendre l'Univers, c'est un peu comme vouloir connaître la règle d'un jeu, uniquement en observant des gens qui jouent. Les astronomes repèrent des comportements, notent les différences et les points communs, font des mesures en décodant les messages que le rayonnement des astres leur apporte. C'est un premier pas. Si les conditions d'observation sont bien précisées et les mesures bien effectuées, alors on a une certitude : on a établi un fait sur lequel on pourra s'appuyer pour prolonger la recherche. Voici un exemple de fait : on observe une soudaine diminution de l'éclat d'une étoile pendant plusieurs heures, suivie d'une nouvelle augmentation de l'éclat.

Les hypothèses

À partir du constat « l'éclat de l'étoile a diminué puis augmenté de nouveau », je peux émettre une supposition pour tenter d'expliquer le phénomène. Cela consiste à imaginer, en essayant d'être le plus logique possible, ce qui cause cette variation. Cette supposition s'appelle une hypothèse. Pour notre cas, on peut émettre l'hypothèse qu'une planète est passée devant l'étoile. Cette hypothèse n'a que peu de valeur si on ne trouve pas de preuves qu'elle est juste, en faisant de nouvelles observations.

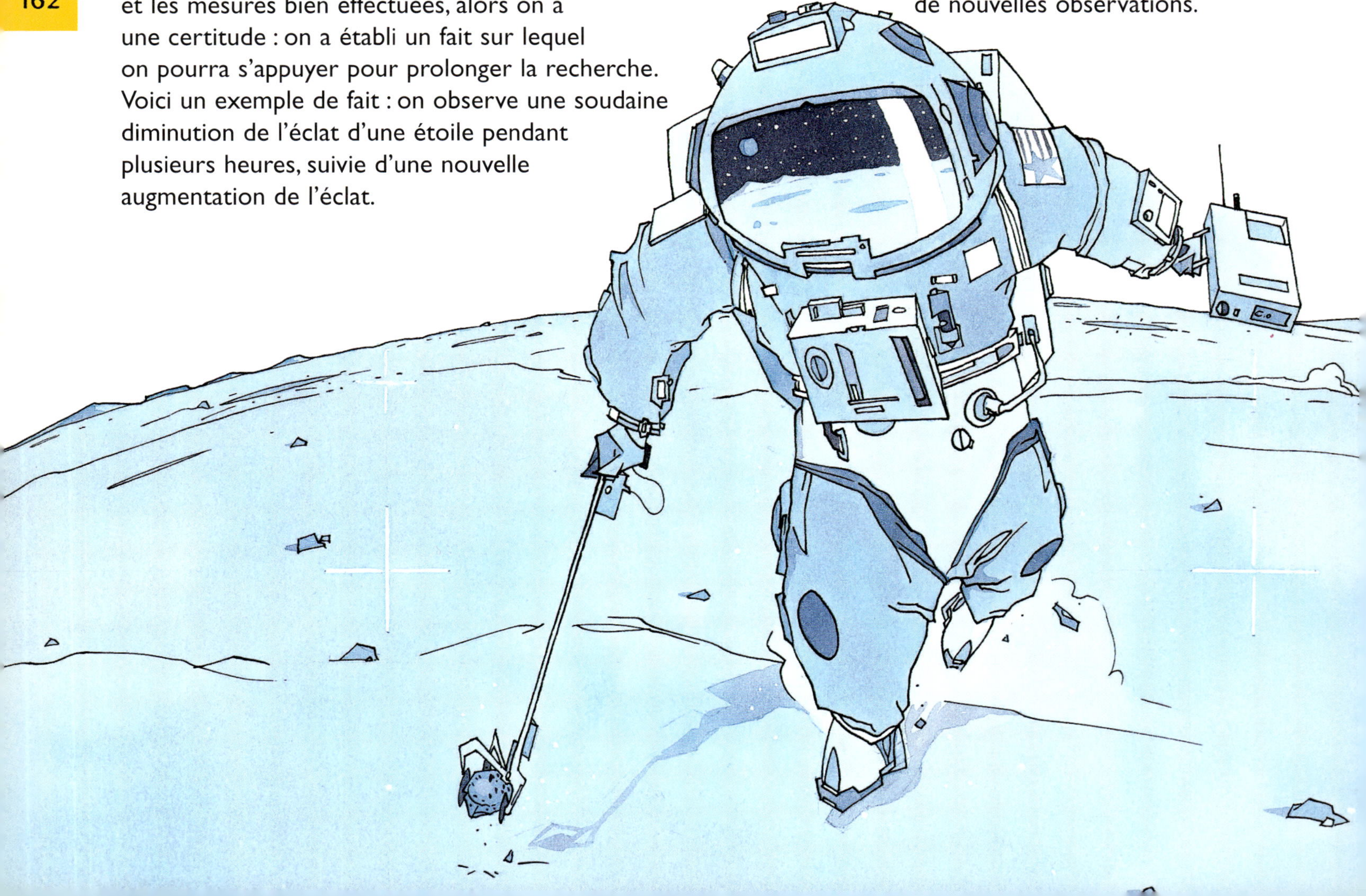

Trouver des preuves

Trouver des preuves demande de nouvelles observations. Mais pour éviter de chercher au hasard, ce qui ferait perdre beaucoup de temps et d'argent, on essaie d'imaginer à l'avance ce que l'on devrait logiquement observer si l'hypothèse est correcte. On établit alors, à l'aide de calculs d'ordinateur, ce que l'on appelle un « modèle », une sorte de scénario capable de prédire ce qui devrait se passer. Dans notre cas, si c'est bien une planète, elle devrait logiquement repasser périodiquement devant l'étoile. Il faut donc maintenant guetter de nouvelles baisses d'éclat et mesurer la régularité de leur répétition. Si ce que nous attendions se produit bien, on a sans doute approché la vérité. Sinon, l'hypothèse de départ est à rejeter. Ce genre d'expérience se présente dans la recherche des planètes situées hors de notre Système solaire (les exoplanètes).

La méthode expérimentale

Cet enchaînement de faits, d'hypothèses et d'expériences s'appelle la méthode expérimentale. On l'utilise en astronomie, mais aussi dans toutes sortes d'autres domaines de recherche. Ses résultats ne sont valables que si l'on est extrêmenent rigoureux dans l'établissement des faits et dans les conclusions que l'on se permet d'en tirer.

La Lune est pour le moment le seul astre que nous ayons beaucoup exploré et dont nous ayons rapporté des échantillons. Pour le reste de l'espace, nous en sommes souvent réduits aux hypothèses.

ÉTONNANT !

Un exemple d'hypothèse mise en images : cette série d'images virtuelles simule l'approche d'un trou noir.

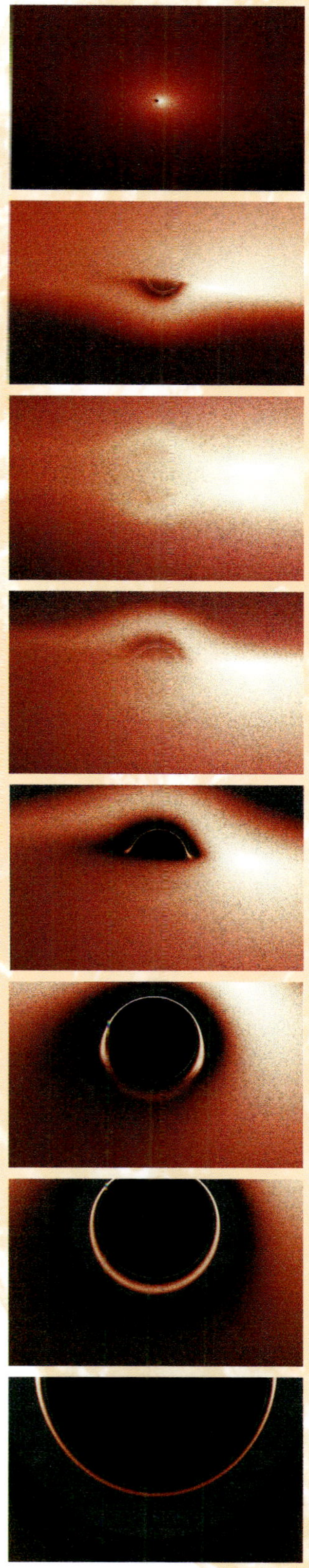

L'astrophysique

Les astrophysiciens s'intéressent aux objets de l'Univers pour leur nature, leur évolution, leurs conditions de vie. Le but final est de mieux comprendre la physique, la matière et ses comportements. Mais pourquoi aller chercher si loin au lieu de l'étudier en laboratoire ?

La compréhension des lois physiques

C'est de l'étude de la matière et de ses composants (atomes, molécules, etc.) que sont nés beaucoup de progrès techniques et scientifiques, comme l'usage de l'électricité, par exemple. Les lois de la physique sont les règles du comportement de la matière inerte. Elles sont fondées sur des grandeurs, qui décrivent des conditions
de température (objet plus ou moins chaud),
de pression (pneu plus ou moins gonflé),
de densité (litre d'eau plus lourd qu'un litre d'air),
de concentration (eau plus ou moins salée),
de magnétisme (aimants), mais aussi de temps (âge) et de mouvement (vitesse, accélération).
Pour comprendre comment se comporte la matière, il est nécessaire de faire varier ces conditions, et cela se fait dans les laboratoires. On sait ainsi, par exemple, que l'eau se transforme en glace ou en vapeur selon les conditions de température. Mais l'observation en laboratoire n'est pas suffisante.

Un nuage interstellaire : à peine quelques atomes par centimètre cube et une température de – 250 °C. L'Univers offre des conditions extrêmes.

Pourquoi interroger l'Univers lointain ?

En biologie, il ne suffit pas d'étudier les animaux de notre entourage, ni même d'avoir quelques animaux sauvages au jardin zoologique. Il est aussi nécessaire d'aller loin, par exemple pour découvrir des animaux géants (baleine, girafe, éléphant) et pour les observer dans leur milieu.
De même, pour comprendre certains comportements de la matière et pour vérifier si les lois sont vraies partout, on a besoin de conditions extrêmes. Seul l'Univers lui-même peut alors servir de laboratoire.

L'Univers laboratoire : étudier les extrêmes

Dans l'Univers, la matière rencontre des conditions irréalisables sur Terre. Et même difficilement imaginables ! Les étoiles atteignent des températures de plusieurs milliers de degrés en surface, de plusieurs millions de degrés dans leur cœur. Les quasars, des noyaux de galaxie très particuliers, sont plus petits que le Sytème solaire et 10 000 milliards de fois plus brillants que notre Soleil. Les pulsars (ce qui reste au centre des supernovae après l'explosion) ont une densité hallucinante et tournent à la vitesse d'un mixeur de cuisine. Leur diamètre ne dépasse pas quelques dizaines de kilomètres, mais la quantité de matière qu'ils contiennent est comparable à celle du Soleil. Un centimètre cube de leur contenu pèse 100 millions de tonnes. Dans les nuages interstellaires, on rencontre les extrêmes opposés : des températures très froides et des densités très faibles.

La machine à remonter le temps

L'Univers offre une particularité tout à fait exceptionnelle pour les chercheurs : il permet de « voir le passé ». En effet, la lumière que nous recevons du Soleil est partie 8 min plus tôt. Ce que nous voyons n'est donc pas le Soleil de maintenant, mais celui d'il y a 8 min. Pour les quasars les plus distants, la lumière que nous recevons est partie il y a 15 milliards d'années. Avec elle nous voyons donc ce qui se passait dans l'Univers bien avant la naissance de notre Soleil. On a pu ainsi observer, grâce aux rayonnements captés par le satellite Cobe, ce qui se passait dans l'Univers à peine 1 million d'années après le Big Bang.

La supernova 1994 D dans la galaxie NGC 4526. Avant son explosion, la masse de cette étoile équivalait à une trentaine de soleils. Pendant les quelques jours qui suivent l'explosion, son éclat est celui de 100 milliards de soleils et elle peut être vue de la Terre en plein jour.

ÉTONNANT !

Écouter les pulsars

Les pulsars émettent un faisceau d'ondes radio. Comme ils tournent, ils se comportent un peu comme un phare maritime. Bien sûr, seuls les radiotélescopes qui se trouvent dans l'axe de ce faisceau peuvent détecter son passage, et cela sous forme de signaux électriques très brefs, répétés plusieurs fois par seconde (650 fois pour le plus rapide). Ces signaux sont enregistrés et on peut les traduire en dessin ou en bruits. On peut même les entendre sur Internet, sur le site : www.jb.man.ac.uk/~pulsar/Education/Sounds/sounds.html*

* Attention : l'adresse de ce site Internet est susceptible de changer.

La mesure des distances dans l'Univers

Mesurer, de loin et avec une grande précision, des distances gigantesques... voilà ce qu'il faut pouvoir faire en astronomie si l'on veut connaître un peu l'Univers. Comme on ne peut pas aller prendre des mesures sur place, on déduit les distances par des mesures indirectes et des calculs mathématiques.

La troisième loi de Kepler

La troisième loi de Kepler permet de déterminer les distances dans le Système solaire. Elle dit que, si, pour *une* des planètes, on connaît sa distance au Soleil et la durée de sa révolution (le temps qu'elle met pour faire un tour complet autour du Soleil), alors on peut en déduire la distance de toutes les autres planètes par rapport au Soleil, en mesurant simplement la durée de leur révolution.

Les radars et les lasers

Avec des radars ou des lasers, on envoie des ondes qui vont frapper la surface des planètes, puis qui reviennent. On mesure le temps que met l'onde pour faire l'aller et le retour Terre-planète. Connaissant la vitesse de déplacement de l'onde, on peut en déduire la distance parcourue. La distance Terre-Lune, en moyenne de 380 000 km, est ainsi mesurée actuellement à 1 cm près.

La méthode de la triangulation

Pour déterminer la distance d'une étoile par rapport à nous, on utilise le plus souvent la méthode de la triangulation, ou méthode des parallaxes. Elle permet d'obtenir cette distance en notant la position de l'étoile (la direction dans laquelle on la perçoit) à partir de deux lieux d'observation éloignés l'un de l'autre d'une distance connue. La méthode est d'autant plus précise que la distance entre les deux lieux est grande et que les angles sont mesurés avec précision.

Utiliser les parallaxes sur Terre

Les étoiles de notre voisinage sont beaucoup plus éloignées de nous que le Soleil. On ne peut espérer mesurer leur distance en appliquant la méthode des parallaxes à partir de deux lieux d'observation terrestres : ils seraient trop proches l'un de l'autre. Aussi, on observe d'un même point sur la Terre mais à 6 mois d'intervalle.
En 6 mois, la Terre effectue la moitié de son tour du Soleil : la base d'observation est donc le diamètre de l'orbite de la Terre. Même dans ces conditions, les mesures sont difficiles car l'étoile la plus proche de nous (Proxima du Centaure) est à 270 000 unités astronomiques (1 u.a. = 150 millions de kilomètres).

La méthode des parallaxes consiste à prendre des mesures depuis deux endroits différents.

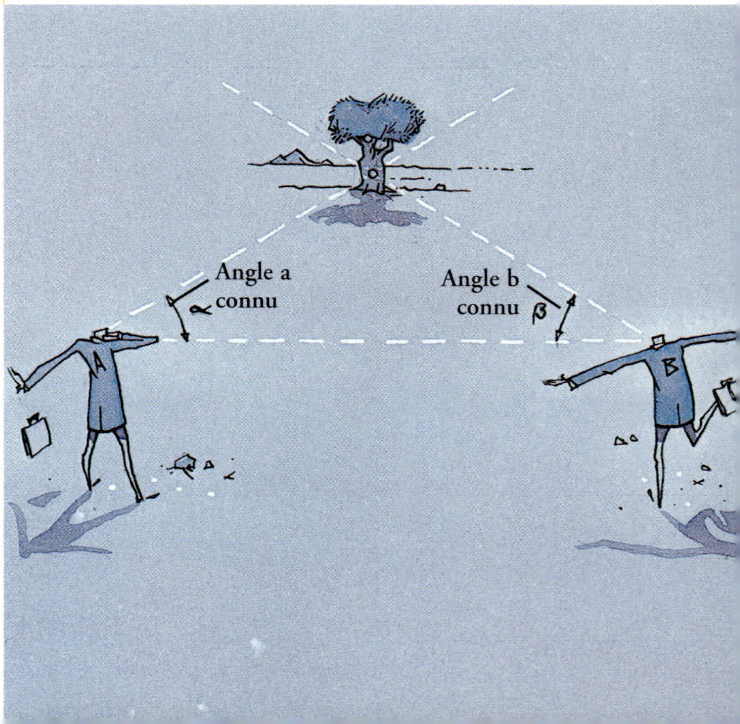

Le roi des parallaxes : Hipparcos

En 1989, le satellite Hipparcos a été mis sur une orbite terrestre par une fusée, Ariane-4. Il a été spécialement conçu pour déterminer les distances des étoiles grâce à la méthode des parallaxes. Cette mission fut un grand succès et a permis de cartographier l'espace en trois dimensions jusqu'à une distance de 95 millions d'unités astronomiques du Soleil.

La méthode des balises lumineuses

Lorsque les astres se trouvent trop loin, la méthode des parallaxes ne peut plus servir. On utilise alors des méthodes indirectes qui associent l'éclat de certaines étoiles à une de leurs caractéristiques. Ces étoiles dont on connaît la distance par rapport à nous servent de références et de balises lumineuses. C'est en comparant les étoiles lointaines à ces balises que l'on peut déterminer leur distance.

La loi de Hubble

En se fondant sur ses propres observations, l'astronome américain Hubble a pu énoncer une loi selon laquelle les galaxies s'éloignent à une vitesse d'autant plus grande qu'elles sont situées loin de nous. En mesurant la vitesse de déplacement d'une galaxie, on peut donc en déduire sa distance par rapport à nous.

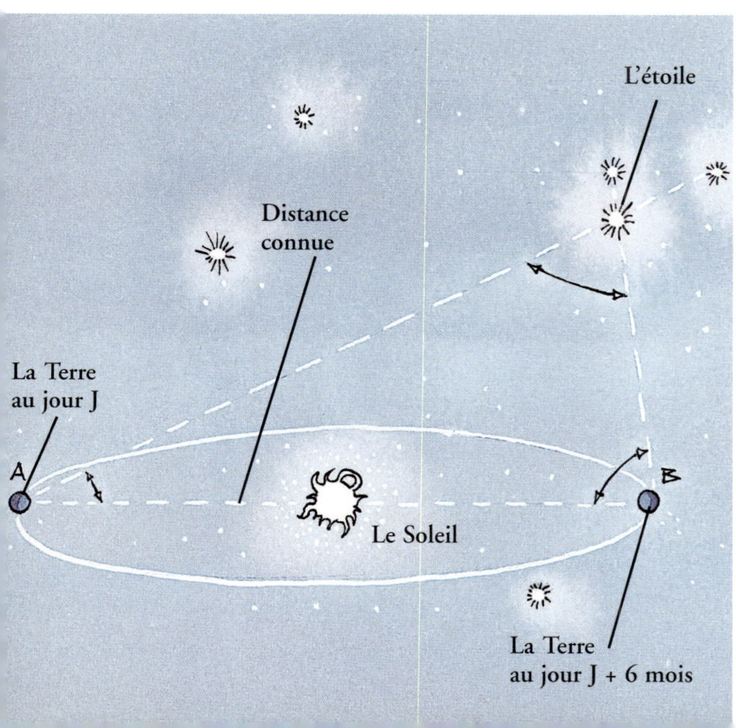

ÉTONNANT !

C'est grâce à son télescope Deep Field qui explore les galaxies lointaines et nous fournit des images du type de celle-ci, que Hubble a pu dénicher la galaxie visible la plus lointaine. La zone noire est présente sur toutes les photos prises par Hubble car l'un de ses capteurs ne fonctionne pas.

La galaxie la plus lointaine

L'objet astronomique observé le plus loin de nous a été aperçu de façon très furtive par le télescope Hubble en avril 1999. Il s'agit d'une galaxie d'une magnitude de 28, c'est-à-dire qu'on n'en perçoit qu'une lumière très faible. Par comparaison, la magnitude d'une étoile très brillante, comme Véga, est de 0,04 ! Comme il a fallu très longtemps à cette lumière pour nous parvenir, on sait qu'elle a été émise moins d'un milliard d'années après le Big Bang. Cette galaxie a certainement beaucoup changé depuis.

La spectrographie : comprendre le langage de la lumière

On le voit bien dans les arcs-en-ciel : la lumière qu'émet notre Soleil se compose de couleurs. Or, toutes les étoiles émettent de la lumière que l'on peut ainsi décomposer en couleurs. On utilise, pour cela, des appareils spécialisés : les spectrographes, qui nous donnent quantité de renseignements. Avec eux, c'est comme si on auscultait les étoiles !

Le spectre des étoiles

Les étoiles n'émettent pas toutes la même lumière, et le spectrographe, qui décompose cette lumière, montre des éventails de couleurs différents d'une étoile à l'autre. On appelle ces éventails des spectres, qui n'ont rien à voir avec les fantômes ! Ce sont les cartes d'identité des étoiles.
En premier lieu, ils nous renseignent sur la température de l'étoile. Par exemple, une étoile très chaude comme Sirius aura plus de bleu dans son spectre. Une étoile plus « froide » comme Arcturus aura plus de rouge.

Les raies noires

Les spectres présentent des lignes noires que l'on appelle les raies spectrales.
Elles proviennent du fait qu'une partie de la lumière émise par le cœur des étoiles est arrêtée par certains composants chimiques des couches supérieures de l'étoile. Chaque composant forme un ensemble de raies qui n'appartient qu'à lui ; c'est comme son empreinte digitale.
Ainsi, on peut déduire la composition chimique des couches externes de l'étoile en retrouvant, dans le spectre, les lignes correspondant à chaque élément chimique.
Par exemple, avec le Soleil, il y a tout un tas de raies parmi lesquelles on retrouve les empreintes de l'hélium, du calcium, du fer... et bien d'autres.

L'arc-en-ciel nous montre toutes les couleurs de la lumière visible.

L'emplacement des raies noires nous renseigne sur la composition chimique de l'étoile.

Des raies spectrales mouvantes

Une même étoile analysée au spectrographe à quelques jours d'intervalle montre un éventail de couleurs toujours semblable, mais des raies spectrales décalées. Ce détail apparemment anodin nous donne quantité d'informations… sur le mouvement de l'étoile. On sait, en effet, que, si le décalage se fait vers le rouge, c'est que l'étoile s'éloigne de nous. Si c'est vers le bleu, c'est qu'elle se rapproche. On peut ainsi connaître sa vitesse de déplacement et les variations de cette vitesse.

En comparant le spectre de la même étoile à quelques semaines d'intervalle, on constate que les raies noires se déplacent.

Si elles se déplacent vers le rouge, c'est que l'étoile s'éloigne de nous.

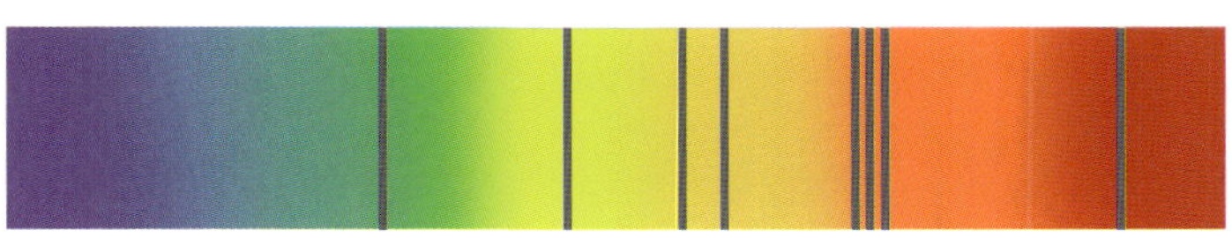

Si elles se déplacent vers le bleu, c'est que l'étoile se rapproche de nous.

ÉTONNANT !

Raies spectrales et fuite des galaxies

En 1929, Edwin Hubble étudie le décalage des raies noires dans le spectre de nombreuses galaxies dont il connaît l'éloignement. Il remarque que le décalage vers le rouge (elles s'éloignent) est d'autant plus grand que la galaxie est plus éloignée. Il en déduit une loi selon laquelle plus les galaxies sont éloignées, plus leur fuite est rapide. Cette loi, tirée de l'observation, peut être utilisée en sens inverse : à partir du décalage spectral, on peut estimer la distance d'une galaxie par rapport à nous. C'est indispensable lorsque la galaxie est trop éloignée pour qu'il soit possible d'évaluer sa distance avec d'autres méthodes. La spectrographie est donc le moyen d'arpenter l'Univers le plus lointain. Mais ce n'est pas tout : cette loi de Hubble a conduit à renforcer l'idée de l'expansion de l'Univers. Elle a même permis d'estimer son âge, puisque, à cause du temps que met la lumière pour nous parvenir, plus on regarde loin, plus on regarde dans le passé. Tout cela simplement en observant des spectres ! Un bel exemple de résultats inattendus.

Le spectre d'une étoile chaude, comme Sirius, comporte plus de bleu.

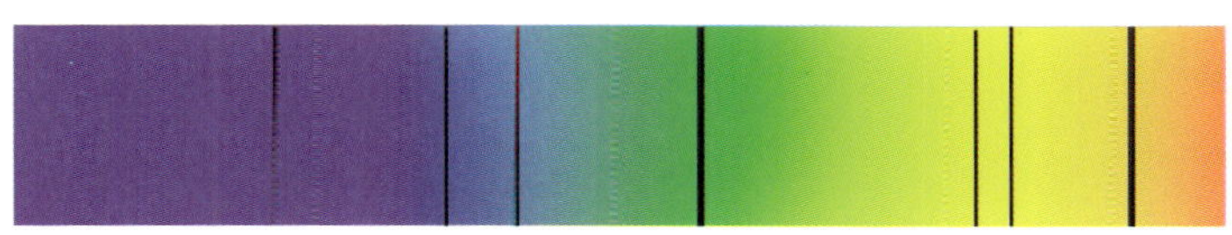

Le spectre d'une étoile « froide », comme Bételgeuse, comporte plus de rouge.

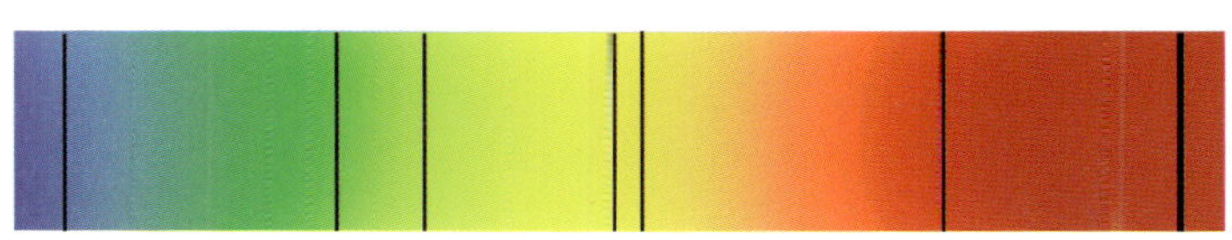

Classer et cataloguer : l'inventaire de l'espace

Les astronomes de l'Antiquité éprouvaient déjà le besoin de faire des catalogues d'étoiles, où ils répertoriaient tous les astres observés à l'œil nu. Aujourd'hui, grâce aux appareils modernes, on peut détecter et situer un si grand nombre d'astres qu'il faut un ordinateur pour les cataloguer.

Les catalogues stellaires

Le développement des moyens d'observation permet de voir dans le ciel un nombre d'étoiles de plus en plus grand. Les catalogues contiennent pour chaque étoile de nombreux renseignements : position, mouvement, distance, vitesse, éclat, spectre lumineux. Le plus précis des catalogues actuels a été réalisé par la mission Hipparcos, un satellite placé en orbite autour de la Terre. Il contient les caractéristiques de 120 000 étoiles avec une précision sans précédent. Les distances, calculées par la méthode de la triangulation, sont connues avec une très grande précision.

À l'œil nu, les étoiles semblent bien clairsemées dans la direction de la constellation de la Grande Ourse.

ÉTONNANT !

Gaia : l'observatoire spatial du futur

L'Agence spatiale européenne (ESA) vient de sélectionner le projet Gaia : un observatoire stellaire qui scrutera notre galaxie pour cataloguer un milliard d'étoiles. Cela représente 1 % de toutes les étoiles de notre galaxie. On obtiendra ainsi le plus vaste catalogue jamais réalisé par le même instrument.

De nos jours, les catalogues d'étoiles prennent la forme de millions de données chiffrées enregistrées dans des ordinateurs. On est loin des manuscrits enluminés du Moyen Âge. Ici, une représentation des constellations du Xe siècle.

Les catalogues spécialisés

La variété des objets que l'on trouve dans le cosmos a conduit les astronomes à se spécialiser dans leurs recherches et à créer des catalogues ne contenant qu'une variété d'objets. On trouve ainsi des catalogues d'étoiles doubles, de galaxies, d'amas d'étoiles, etc.

Les centres de données astronomiques

Les astronomes disposent aujourd'hui d'une telle profusion de ces catalogues, souvent complémentaires, qu'il a fallu faire une sorte de... catalogue des catalogues ! Les astronomes ont créé des centres de données astronomiques regroupant la totalité des catalogues existants.
On peut, par exemple, avoir accès à l'ensemble des données concernant une seule étoile.
Le Centre de données astronomiques de Strasbourg permet ainsi de consulter 3 700 catalogues.

Grâce aux relevés d'Hipparcos, on peut tracer des « cartes » de ce genre (ici, en direction de la Grande Ourse). Hubble met en évidence des centaines d'étoiles invisibles à l'œil nu.

La mécanique de l'Univers

Il existe bien des « mécaniciens » de l'Univers. Ce ne sont pas des « mécanos » habituels et ils ne réparent rien. Ce sont des astronomes ou des mathématiciens qui analysent et qui prédisent les mouvements des astres dans le ciel.
Ils utilisent essentiellement deux « outils » : la loi de l'attraction universelle et la théorie de la relativité générale.

L'âge d'or de la mécanique de l'Univers

Dès la découverte par Newton de la loi de l'attraction universelle, les astronomes et les mathématiciens l'ont appliquée avec succès pour décrire les mouvements des planètes du Système solaire. Cela se passait au XVIIIe et au XIXe siècle. Cette loi permet des calculs si fiables que l'astronome Urbain Le Verrier a pu affirmer, en 1846, l'existence de la planète Neptune et calculer sa masse et son orbite... avant même que les astronomes ne l'identifient dans le ciel. De simples calculs avaient suffi à faire découvrir une planète.

Le mouvement des planètes

Ainsi, les spécialistes de la mécanique de l'Univers parviennent à calculer avec une grande précision les positions, les vitesses et les distances de tous les objets célestes en appliquant la loi de Newton. Par exemple, la distance de la Terre à la Lune est connue à tout instant avec une précision de quelques centimètres.
Mais cette loi a des limites. Par exemple, on constate qu'elle ne parvient pas à prévoir avec une grande précision l'évolution de l'orbite de la planète Mercure. Dans ce cas, seule la théorie de la relativité générale, énoncée par Einstein, permet des calculs corrects.

L'astronome Le Verrier déduisit l'existence de la planète Neptune de ses seuls calculs !

Le chaos dynamique

Au début du XIXe siècle, le mathématicien Laplace affirmait qu'il pourrait prévoir sans erreur l'évolution du monde, si on lui fournissait des données absolument exactes sur son état actuel (telles planètes à tel endroit, se déplaçant dans telle direction, à telle vitesse, etc.). Or, cela est impossible. D'une part, parce que la situation actuelle est toujours impossible à connaître de façon totalement précise. D'autre part, parce que le plus petit mouvement de départ prend progressivement des proportions énormes et entraîne de grandes conséquences. C'est ce que l'on appelle le chaos dynamique et qui empêche de connaître exactement le futur des objets de l'Univers.

Selon la théorie du chaos dynamique, le mouvement de l'air provoqué par le battement d'ailes d'un papillon préhistorique peut être à l'origine du cyclone qui a ravagé ce paysage : de toutes petites causes peuvent avoir de très grands effets.

ÉTONNANT !

La mécanique céleste et la conquête spatiale

À quoi donc servent toutes ces études théoriques ? L'une de leurs applications les plus directes est le voyage interplanétaire. Pour lancer un vaisseau vers la Lune, il faut pouvoir calculer sa trajectoire et la puissance des moteurs dont il aura besoin pour s'arracher à l'attraction terrestre. Il faut aussi connaître l'attraction qu'exercera sur lui la Lune... pour éviter qu'il ne s'écrase sur le sol lunaire. On n'a pas le droit de faire une erreur de calcul, dans ce cas ! Sinon, cet astronaute devrait se faire du souci pour son retour sur Terre.

Glossaire

* Les mots suivis d'un astérisque font l'objet d'une définition spécifique dans ce glossaire.

A

Adams (John Couch)
Astronome anglais (1819-1892). Voir Neptune*.

Almageste
Voir Ptolémée*.

Anaximandre de Milet
Savant de la Grèce antique (–610 à –546 env.). Il pensait que la Terre* avait la forme d'un cylindre.

Année-lumière
Distance parcourue par la lumière* en une année, à la vitesse de 300 000 km/s. Cette distance correspond à un peu moins de 10 000 milliards de km. Elle sert d'unité de mesure pour les distances en astronomie*.

Apesanteur
État dans lequel se trouvent les objets et les êtres vivants à bord des satellites* en orbite* autour de la Terre* et dans les vaisseaux spatiaux libérés de l'attraction terrestre. Ces objets et ces êtres vivants semblent ne plus avoir de poids : ils flottent dans l'espace*. On lui préfère aujourd'hui le terme d'impesanteur.

Aristarque de Samos
Savant de la Grèce antique (–310 à –230). Il fut le premier à émettre l'hypothèse du Soleil* comme centre de l'Univers* (système héliocentrique). Voir héliocentrisme*.

Aristote
Philosophe et mathématicien de la Grèce antique (–384 à –322). L'un des premiers à donner une représentation géométrique de l'Univers*, à penser et à prouver que la Terre* est ronde. Il pensait que l'Univers* avait la forme d'une sphère et n'était pas infini.

Astéroïde
Bloc de roche en orbite* autour du Soleil*. Les astéroïdes situés entre Mars* et Jupiter* forment la Ceinture principale*.

Astre
Tout corps céleste : étoile*, planète*, satellite*, astéroïde*, comète*...

Astrolabe
Instrument de repérage astronomique ancien, d'origine byzantine et amélioré par les Arabes, permettant d'obtenir, en fonction de l'endroit de la Terre* où on se trouve et du moment de l'observation, une représentation simplifiée de la position des astres*.

Astrologie
Étude des influences astrales dans un but de divination. Les astrologues cherchent à prédire le destin des hommes et à déterminer les caractères individuels en observant la position des planètes* les unes par rapport aux autres et par rapport aux étoiles*. L'astrologie, contrairement à l'astronomie*, n'est pas une science.

Astronaute
Homme ou femme voyageant dans l'espace*. Les Américains utilisent ce terme alors que les Russes lui préfèrent celui de cosmonaute*. Les Français utilisent aussi le terme de spationaute*.

Astronautique
Terme utilisé pour désigner les sciences et les techniques liées aux déplacements dans l'espace*.

Astronomie
Science ayant pour objet l'étude de la nature et des mouvements des astres* et de l'Univers* en général.

Atome
Constituant élémentaire de la matière. Un atome de fer, par exemple, est la plus petite quantité de fer que l'on puisse isoler.

Atmosphère
Couche de gaz* plus ou moins épaisse enveloppant de nombreux corps célestes.

Attraction universelle
Loi énoncée par Isaac Newton* précisant les conditions dans lesquelles tous les corps de l'Univers* s'attirent les uns les autres, en fonction de leur masse et de la distance qui les sépare. Voir gravitation*.

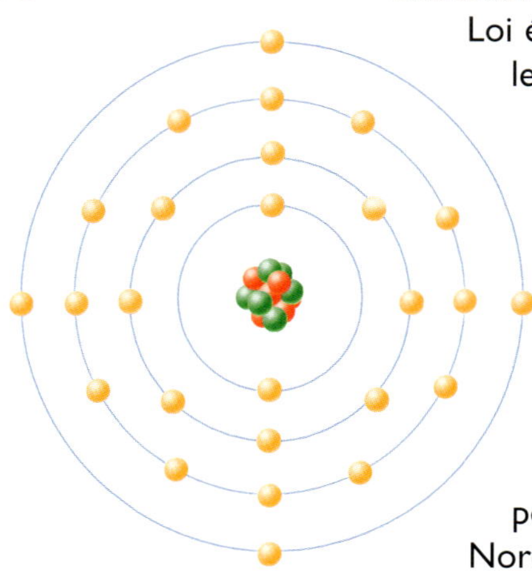

Aurore australe et aurore boréale
Phénomène lumineux dû à la rencontre des particules du vent solaire* avec certains éléments de la haute atmosphère* terrestre, dans les régions polaires. On parle d'aurore boréale au pôle Nord et d'aurore australe au pôle Sud.

B - C

Big Bang
Théorie fondée sur la gravitation*, selon laquelle notre Univers* serait issu d'une formidable explosion survenue il y a environ 15 milliards d'années et à partir de laquelle il aurait commencé son expansion.

Brahe (Tycho)
Astronome danois (1546-1601). Ses observations précises des mouvements de la planète* Mars* permirent à Kepler* d'énoncer ses lois sur les orbites* planétaires.

Bruno (Giordano)
Philosophe italien (1548-1600). Il généralise le système de Copernic* et est le premier à émettre l'hypothèse d'un Univers* infini. L'Inquisition le condamnera au bûcher pour cela.

Cadran solaire
Instrument de mesure du temps utilisant le mouvement apparent du Soleil* dans le ciel.

Ceinture principale
Région du Système solaire* située entre 2,1 et 3,5 unités astronomiques* où l'on trouve la grande majorité des astéroïdes*. Les 4 astéroïdes* les plus gros de la Ceinture principale sont Cérès, Pallas, Vesta et Junon.

Ceinture de Kuiper
Du nom de l'astronome hollandais Gerard Kuiper* (1905-1973). Région du Système solaire* en forme de disque, située au delà de l'orbite* de Neptune*, entre 30 et 100 unités astronomiques*, contenant de nombreux corps composés de glace et source vraisemblable des comètes* à courte période. Pluton* en serait le représentant le plus important.

Comète
Bloc de poussière et de glace de quelques kilomètres de diamètre, tournant autour du Soleil* sur une orbite* très allongée. Lorsqu'elle s'approche du Soleil*, la comète commence à fondre laissant derrière elle une immense queue lumineuse. Certaines comètes dites périodiques reviennent régulièrement vers le Soleil* (tous les 76 ans, par exemple, pour la comète de Halley*). Les comètes à courte période (qui reviennent assez fréquemment vers le Soleil) proviendraient de la ceinture de Kuiper*, tandis que les autres proviendraient du nuage de Oort*.

Constellation
Figure géométrique imaginée par les hommes, reliant certaines étoiles et servant à se repérer facilement dans le fouillis des étoiles* visibles. Les Pléiades, par exemple, sont une constellation, comme la Grande Ourse. Les étoiles* d'une même constellation, bien que semblant proches les unes des autres par un simple effet de perspective, peuvent, en fait, être extrêmement éloignées les unes des autres.

Copernic (Nicolas)
Astronome polonais (1473-1543). Défenseur de la théorie d'un Univers* héliocentrique, il est le premier à émettre l'hypothèse du mouvement de la Terre* autour du Soleil* et sur elle-même. Voir héliocentrisme*.

Cosmonaute
Voir astronaute*.

Cratère
Formation géologique créée par l'éruption d'un volcan* ou par l'impact provoqué par la chute d'une grosse météorite* sur la surface d'une planète*.

D - E

Descartes (René)
Philosophe, mathématicien et physicien français (1596-1650). Inventeur de la méthode de déduction scientifique (qui s'appuie sur la relation directe entre causes et effets), il proposa également une théorie (erronée) pour expliquer la formation du Système solaire* à partir de tourbillons.

Éclipse
Phénomène momentané dû au passage d'un astre* devant un autre astre*, appelé aussi occultation*. Les plus spectaculaires sont les éclipses de Lune* (la Lune* entre dans l'ombre de la Terre*) et les éclipses de Soleil* (la Lune* nous masque plus ou moins partiellement le disque solaire).

Eddington (sir Arthur Stanley)
Astronome anglais (1882-1944). En mesurant la position des étoiles* autour du disque solaire lors de l'éclipse* totale de 1919, il apporte la preuve de la validité de la théorie de la relativité générale* d'Einstein*.

Effet de serre
Ce qui se produit lorsque l'atmosphère* qui entoure une planète* piège la chaleur du rayonnement solaire

et l'empêche de s'échapper dans l'espace*. Cela provoque une augmentation de la température à la surface de la planète*.

Einstein (Albert)
Physicien allemand naturalisé américain en 1940 (1879-1955). Prix Nobel de Physique en 1921 pour ses travaux sur l'interaction entre la lumière* et la matière, il est également l'inventeur d'une nouvelle théorie de la gravitation* : la relativité générale*.

Électron
Particule fondamentale portant une charge électrique négative. Les électrons font partie des constituants des atomes*.

Énergie nucléaire
Énergie produite par la fusion* ou la fission* des atomes*. Cette énergie peut être produite de façon naturelle (dans les étoiles*) ou artificielle (dans les bombes ou dans les centrales nucléaires).

Équinoxe
Moment de l'année où la durée de la nuit est exactement égale à celle du jour. Il existe deux équinoxes dans l'année : le 20 ou 21 mars (équinoxe de printemps) et le 22 ou 23 septembre (équinoxe d'automne).

Ératosthène de Cyrène
Mathématicien, astronome et philosophe grec vivant à Alexandrie (–276 à –194). Il fut le premier à calculer la circonférence de la Terre*.

ESA
Agence spatiale européenne *(European Space Agency)*. Organisme créé en 1975, regroupant 15 États membres (Allemagne, Espagne, France, Italie, Royaume-Uni, Belgique, Danemark, Pays-Bas, Suède, Suisse, Irlande, Autriche, Norvège, Finlande et Portugal) et un État coopérant (le Canada), pour mettre sur pied et financer des missions spatiales.

Espace
Milieu dans lequel évoluent les astres*. Il peut contenir, entre autres, du gaz* en quantité plus ou moins infime et de la poussière.

Étoile
Boule de gaz* au centre de laquelle ont lieu des réactions de fusion nucléaire*, produisant de l'énergie qui se dégage sous forme de rayonnement* lumineux. Notre Soleil* est une étoile. On distingue plusieurs types d'étoiles en fonction de leur composition chimique et de leur densité.

Étoile à neutrons
Etoile* si dense que son cœur est composé de neutrons*.
Voir pulsar*.

Étoile double
Couple d'étoiles* proches. Il existe des doubles visuelles, qui semblent rapprochées à cause d'un simple effet de perspective, et des doubles physiques formées d'étoiles* qui tournent en permanence l'une autour de l'autre.

Étoile du Berger
Voir Vénus*.

Étoile filante
Voir météore*.

Étoile polaire
Étoile* située dans le prolongement de l'axe polaire Nord de la Terre*. Sa position particulière en fait la seule étoile* visible dans l'hémisphère Nord dont la position ne varie pas malgré le mouvement de rotation de la Terre*.

Étoile variable
Étoile* dont l'éclat varie (plus ou moins régulièrement et plus ou moins rapidement).

Eudoxe de Cnide
Astronome et mathématicien grec (–408 à –355). Pour expliquer les observations astronomiques, il imagine une représentation de l'Univers* fondée sur une série de sphères ayant la Terre* pour centre. Voir géocentrisme*.

F - G

Fusée
Engin spatial capable de s'arracher à l'attraction* terrestre et propulsé, par la combustion de carburants liquides* ou solides*. Les fusées sont utilisées pour lancer des sondes spatiales* ou pour placer des satellites* en orbite* terrestre.

Fission atomique
Phénomène qui se produit lorsque le noyau d'un atome* se « casse », libérant les particules qui le composent (protons* et neutrons*) et dégageant une grande énergie. La fission se produit naturellement dans les étoiles* mais peut aussi être provoquée artificiellement dans des bombes et dans des centrales nucléaires.

Fusion nucléaire
Phénomène qui se produit lorsque deux noyaux d'atome* se « soudent ». La fusion dégage une grande énergie. Comme la fission*, elle peut se produire naturellement (dans les étoiles*) mais aussi artificiellement (dans des bombes et dans des centrales nucléaires).

Galilei (Galileo) dit Galilée
Physicien et astronome italien (1564-1642). En 1609, il introduit l'emploi de la lunette* en astronomie*, grâce à laquelle il peut, entre autres, observer le ballet des satellites* de Jupiter*. Ardent défenseur du système de Copernic*, il est condamné par l'Inquisition à se rétracter officiellement en 1633.

Galaxie
Regroupement de milliards d'étoiles* en mouvement autour d'un centre commun. Notre galaxie s'appelle la Voie lactée*. Il existe diverses formes de galaxies : les spirales, comme la nôtre, les elliptiques et les irrégulières.

Gaz
État de la matière dans lequel les atomes*, extrêmement mobiles, occupent tout l'espace dont ils disposent. Certains éléments chimiques, comme l'hélium*, l'hydrogène* ou l'oxygène, sont naturellement des gaz*.

Géante rouge
Étoile* de très grande dimension (plusieurs centaines de fois notre Soleil*), relativement froide (3 000 °C) en comparaison avec d'autres étoiles* très chaudes (jusqu'à 40 000 °C) qui apparaissent bleues.

Géocentrisme
Théorie, aujourd'hui reconnue comme fausse, selon laquelle la Terre* se trouve au centre de l'Univers*. Voir héliocentrisme*.

Gnomon
Instrument, ancêtre du cadran solaire*, utilisé par les astronomes de l'Antiquité pour connaître l'heure en fonction du Soleil*.

Gravitation
Attraction exercée par tous les corps existant dans l'Univers*. Plus un corps est massif, plus la force de gravité qu'il exerce est forte. La gravitation maintient les planètes* en orbite* autour du Soleil* et nous retient sur le sol terrestre. C'est le savant Isaac Newton* qui a énoncé la loi de la gravitation universelle*, remise en question au XXe siècle par Einstein* avec sa théorie de la relativité générale*.

H

Halley (Edmond)
Astronome anglais (1656-1742). En étudiant le mouvement des comètes*, il prédit le retour de l'une d'elles, qui porte aujourd'hui son nom.

Héliocentrisme
Théorie qui s'oppose au géocentrisme*. Elle part du principe que les planètes* tournent autour du Soleil*. C'est Galilée qui réussit à prouver cela en observant les satellites* de Jupiter*. Mais cette théorie dit aussi que le Soleil* est le centre de l'Univers* alors que, nous le savons aujourd'hui, il n'est le centre que de notre Système solaire*.

Hélium
Gaz* très léger produit au cœur des étoiles* par la fusion* des noyaux d'hydrogène*.

Herschel (John)
Astronome amateur anglais (1792-1871). Il reprend les travaux de son père, William Herschel*, et découvre que certaines nébuleuses* étudiées par son père sont, en fait, des galaxies* extérieures à la nôtre. Il découvre également que la Voie lactée* est composée d'une multitude d'étoiles* et il dresse une carte de notre galaxie*.

Herschel (William)
Astronome amateur et musicien allemand puis anglais (1738-1822). Grâce au télescope* de 1,20 m de diamètre qu'il construit lui-même, il étudie systématiquement, avec l'aide de sa sœur Caroline, les étoiles doubles* et les nébuleuses* dont on ignore à l'époque que certaines sont, en fait, des galaxies* extérieures à la nôtre. Découvreur, en 1781, de la planète* Uranus*.

Hipparque de Nicée
Astronome de la Grèce antique (–190 à –120 env.). Il établit un catalogue de 800 étoiles* et élabore une représentation de l'Univers*.

HST *(Hubble Space Telescope)*
Le plus grand télescope* placé en orbite* autour de la Terre* en 1990 (2,40 m de diamètre).

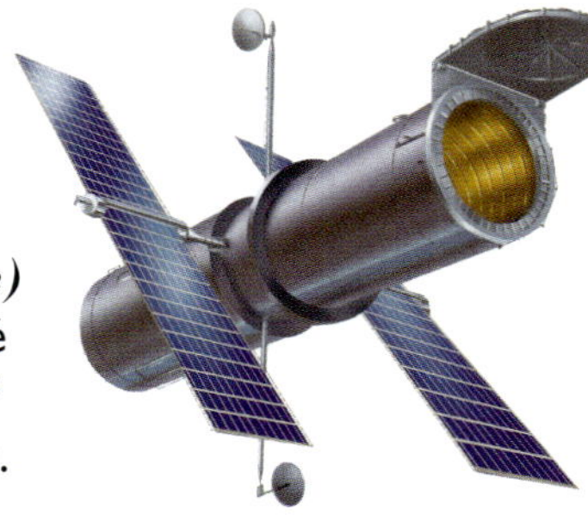

Hubble (Edwin Powell)
Astrophysicien américain (1889-1953). Il observe que les galaxies* semblent s'éloigner d'autant plus vite qu'elles sont loin de nous, ce qui peut être interprété par l'expansion de l'Univers* dans son ensemble.

Hydrogène
Le plus léger des gaz* et l'élément chimique le plus répandu dans l'Univers*. Il compose une grande partie des atmosphères* planétaires. C'est le constituant principal des étoiles* : dans le cœur des étoiles*, les noyaux d'hydrogène fusionnent deux par deux en produisant chaque fois un noyau d'hélium* ainsi qu'une grande quantité d'énergie.

I - J - K

Impesanteur
Voir apesanteur*.

Infrarouge
Rayonnement* invisible à l'œil nu et dont la longueur d'onde* est supérieure à la partie la plus rouge de la lumière* visible.

Interplanétaire
Se dit de ce qui se trouve entre les planètes*. Gaz*, poussières et particules du vent solaire* constituent le milieu interplanétaire.

Interstellaire
Se dit de ce qui se trouve entre les étoiles*. La matière interstellaire se compose essentiellement de gaz* et de poussières ayant donné naissance aux étoiles* ou rejetés par elles au cours de leur évolution.

Interférence
Phénomène se produisant lorsque les ondes* émises par différentes sources se superposent.

Interféromètre
Appareil de mesure de la lumière* émise par les astres*. Couplé à un ordinateur, l'interféromètre permet de recomposer une image des astres*.

Ion
Atome* ayant perdu ou gagné un ou plusieurs électrons*, devenant ainsi positif ou négatif.

Jupiter
Cinquième planète* du Système solaire dans l'ordre des distances au Soleil*. Planète* géante gazeuse, elle est la plus grosse des planètes* du Système solaire*. Voir le tableau récapitulatif au mot planètes*.

Kant (Emmanuel)
Philosophe allemand (1724-1804). Il est le premier à émettre l'hypothèse selon laquelle certaines nébuleuses* étudiées par William Herschel* sont des « univers-îles », autrement dit des galaxies* extérieures à la nôtre.

Kepler (Johannes)
Astronome allemand (1571-1630). Grand défenseur du système de Copernic*, il s'appuie sur les observations de Tycho Brahe* et découvre les lois régissant le mouvement des planètes*.

Kuiper (Gerard)
Astronome américain né aux Pays-Bas (1905-1973), connu pour ses travaux sur la surface de la Lune*. Il décrouvre Miranda et Néréïde, deux satellites* de Neptune*, et trouve une atmosphère* autour de Titan, le plus gros des satellites* de Saturne*. Voir ceinture de Kuiper*.

L

Leavitt (Henrietta)
Astronome américaine (1868-1921). Elle fut la première à mesurer la distance qui nous sépare des galaxies* et à prouver ainsi que ces galaxies* sont situées à l'extérieur, et non à l'intérieur, de la nôtre.

Le Verrier (Urbain)
Astronome français (1811-1877). Voir Neptune*.

Liquide
État de la matière dans lequel les atomes*, très mobiles, prennent la forme du récipient qui les contient. Certaines compositions chimiques, comme l'eau à la température ambiante, sont naturellement liquides. Refroidis, les liquides se transforment en solides* (exemple : la glace). Chauffés ils se transforment en gaz* (exemple : la vapeur d'eau).

Longueur d'onde
Grandeur caractéristique d'une onde* : c'est la distance parcourue par l'onde* pendant la durée d'une période. Dans le domaine de la lumière visible*, à chaque longueur d'onde* correspond une couleur différente.

Lumière
Rayonnement* émis, entre autres, par les astres*. L'œil humain n'en perçoit qu'une toute petite partie que

l'on appelle la lumière* visible et qui va du violet au rouge en passant par toutes les couleurs de l'arc-en-ciel. Mais la lumière comprend aussi une partie beaucoup plus importante invisible à l'œil nu. Au-delà du violet : les ultraviolets*, les rayons X* et les rayons gamma* ; au-delà du rouge : les infrarouges* et les ondes radio*.

Lune
Seul satellite naturel* de la Terre*, la Lune est une boule de roche de 3 500 km de diamètre située à plus de 384 000 km de notre planète*. Comme elle tourne sur elle-même exactement dans le temps qu'il lui faut pour « boucler » son tour de la Terre*, elle nous présente toujours la même face.

Lunette astronomique
Instrument d'optique utilisé pour observer les astres* et dont l'objectif est constitué par une lentille. C'est le savant italien Galilée* qui fut le premier à utiliser la lunette en astronomie*, en 1609.

M

Mars
Quatrième planète* du Système solaire* dans l'ordre des distances au Soleil*. Planète* de type terrestre, Mars est la cible des futures grandes missions d'exploration spatiale humaine. Voir le tableau récapitulatif au mot planètes*.

Magnétisme
Faculté de repousser ou d'attirer un corps, dont dispose la plupart des matériaux, et qui est liée à des courants électriques. L'exemple le plus connu de magnétisme est celui de la force exercée par un aimant.

Marée
Phénomène engendré sur de grandes étendues d'eau par l'attraction* d'un astre*. Sur la Terre*, l'action combinée des attractions* du Soleil* et de la Lune* fait périodiquement monter le niveau des océans.

Mer lunaire
Bien qu'il n'y ait pas d'eau sur la Lune*, on a donné le nom de mers aux grandes plaines de lave solidifiée recouvertes de poussière grise, visibles à l'œil nu depuis la Terre*, comme la Mer de la Tranquillité, la Mer de la Sérénité...

Mercure
Première planète* du Système solaire* dans l'ordre des distances au Soleil*. Planète de type terrestre. La surface de Mercure fait penser à la Lune*, véritablement criblée de cratères*. Voir le tableau récapitulatif au mot planètes*.

Météore
C'est ce que l'on l'appelle communément une étoile filante*. Un météore est la trace lumineuse que laisse tout objet solide en provenance de l'espace* (météorite*, poussière interplanétaire*, débris de satellite artificiel*) en se consumant au moment de son entrée dans l'atmosphère* terrestre.

Météorite
Fragment rocheux en provenance de l'espace* (fragment d'astéroïde* ou de comète*) qui ne s'est pas entièrement consumé pendant sa traversée de l'atmosphère*. Les chutes des grosses météorites peuvent creuser des cratères* dans le sol terrestre. Si les météorites sont toutes petites, ce qui est le plus fréquent, personne ne s'aperçoit de leur chute.

Michelson (Albert Abraham)
Physicien américain (1852-1931). Les expériences qu'il fit, en 1878, avec son collègue Edward W. Morley (1839-1923), sur la vitesse de la lumière* permirent à Einstein* d'élaborer la théorie de la relativité générale*. Prix Nobel de Physique en 1907.

N

Naine blanche
Petite étoile* très dense, pas plus grosse que la Terre*, résultant de l'effondrement d'une géante rouge* sur elle-même. Après être devenu une géante rouge*, notre Soleil* finira son existence comme naine blanche.

NASA
Agence spatiale américaine *(National Aeronautics and Space Administration)*. C'est l'organisme d'État qui gère les projets et les missions spatiales américaines.

Navette
Véhicule de transport spatial capable de revenir sur Terre* en planant, après avoir rempli sa mission. Compromis entre un avion et une fusée*, une même navette, contrairement à une fusée*, peut servir plusieurs fois.

Nébuleuse
Nuage de gaz* et de poussière interstellaire* dans lequel naissent les étoiles*, ou créé par les étoiles* au cours de leur

évolution. Les nébuleuses planétaires sont ainsi appelées à cause de leur forme de disque.

Neptune
Huitième planète* du Système solaire* dans l'ordre des distances au Soleil*. Planète* gazeuse, l'existence de Neptune fut prévue au XIXe siècle par les calculs (parallèles) de mécanique céleste de l'Anglais John Couch Adams (1819-1892) et du Français Urbain Le Verrier (1811-1877).
Voir le tableau récapitulatif au mot planètes*.

Neutron
Particule du noyau atomique, de masse proche de celle du proton*. Chaque noyau atomique contient des neutrons et des protons*. Les neutrons ne possèdent pas de charge électrique.

Neutrino
Particule sans masse ni charge électrique produite lors de certaines désintégrations radioactives et dans les étoiles*. Notre Soleil* nous bombarde de neutrinos, des grains d'énergie si imperceptibles qu'ils nous traversent en permanence sans que nous nous en rendions compte le moins du monde. Même les appareils les plus perfectionnés ne parviennent à déceler le passage que d'un ou deux neutrinos par jour alors qu'il nous en arrive des milliards.

Newton (sir Isaac)
Physicien, mathématicien et astronome anglais (1642-1726). Ses travaux sont immenses dans de très nombreux domaines aussi divers que l'optique, les mathématiques et la mécanique. Il invente et fabrique le premier télescope*. Et, surtout, il énonce les lois de l'attraction universelle*.

Nuage de Oort
Grand réservoir à comètes* dont l'existence a été prédite par l'astronome hollandais Jan Oort* (1900-1992). Il est situé aux limites du Système solaire*, vers 50 000 unités astronomiques*.

O

Occultation
Voir éclipse*.

Onde
Vibration qui se propage. Il existe de nombreuses sortes d'ondes comme les ondes sonores, les ondes lumineuses, etc.

Ondes radio
Rayonnement* invisible à l'œil nu dont la longueur d'onde* est supérieure à celle du rayonnement infrarouge*.

Oort (Jan Hendrik)
Astronome hollandais (1900-1992) connu pour ses travaux sur la structure et la rotation de notre galaxie*, mais surtout pour avoir prédit l'existence du nuage de comètes* qui porte son nom.
Voir nuage de Oort*.

Orbite
Trajet elliptique d'un astre* autour d'un autre astre* (planète*, satellite*, étoile*...) par l'action de la force de gravitation*.

P

Penzias (Arno)
Radioastronome américain (1933). Avec un autre américain, Robert Wilson, avec lequel il partage le Prix Nobel de Physique en 1978, il découvre par hasard le plus ancien rayonnement* visible, que l'on appelle le rayonnement* du fond de ciel, apportant une preuve supplémentaire à la théorie du Big Bang*.

Phase
Aspect variable de certaines planètes*, comme Mercure* ou Vénus*, selon qu'elles sont éclairées de face ou de côté par le Soleil*. Le même phénomène se produit pour la Lune* dont on voit successivement le Premier Quartier, la Pleine Lune, le Dernier Quartier et la Nouvelle Lune.

Planète
Boule de roche, de métal ou de gaz*. Contrairement à ce qui se passe dans les étoiles*, il ne se produit pas de fusion* nucléaire au cœur des planètes*. Celles-ci n'émettent donc pas de lumière* propre : on ne les voit que parce que leur surface reflète le rayonnement de l'étoile* autour de laquelle elles tournent. Ainsi les neuf planètes de notre Système solaire* sont éclairées par le Soleil*. Il existe sans doute des planètes* hors de notre Système solaire*, mais on ne les a encore jamais observées directement.

Planètes (du Système solaire)

Nom	Mercure	Vénus	Terre	Mars	Jupiter	Saturne	Uranus	Neptune	Pluton
Diamètre équatorial	4 880 km	12 100 km	12 800 km	6 800 km	143 000 km	120 600 km	51 100 km	50 500 km	2 300 km
Masse (par rapport à celle de la Terre)	0,06 masse terr.	0,8 masse terr.	1 masse terr.	0,1 masse terr.	318 masses terr.	95 masses terr.	14,5 masses terr.	17 masses terr.	0,002 masses terr.
Composition du noyau	silicates/fer	silicates/fer	silicates/fer	silicates/fer	glace/roche	glace/roche	glace/roche	glace/roche	roche
Atmosphère	très ténue (petites quantités d'hydrogène, d'hélium et d'oxygène, traces de sodium et de potassium)	épaisse (dioxyde de carbone : 96 % ; azote : 3,5 % ; vapeur d'eau et soufre)	épaisse (azote : 78 % ; oxygène : 21 % ; traces d'argon, de dioxyde de carbone, de néon et d'eau)	ténue (dioxyde de carbone : 95 % ; azote : 3 % ; argon : 1,6 % ; traces d'oxygène et d'eau)	très épaisse (hydrogène : 90 % ; hélium : 10 % ; méthane : 0,07 %)	très épaisse (hydrogène : 97 % ; hélium : 3 % ; méthane : 0,05 %)	très épaisse (hydrogène : 83 % ; hélium : 15 % ; méthane : 1 %)	très épaisse (hydrogène : 74 % ; hélium : 25 % ; méthane : 1 %)	très ténue (azote, monoxyde de carbone et méthane)
Températures	à la surface : de – 100 °C (nuit) à + 430 °C (jour)	à la surface : + 475 °C (effet de serre)	à la surface : de – 50 °C (pôles) à + 50 °C (équateur)	à la surface : de – 140 °C (nuit) à + 20 °C (jour)	au sommet des nuages : – 110 °C	à l'altitude où la pression est égale à 1 bar : – 190 °C	au sommet des nuages : – 220 °C	au sommet des nuages : – 225 °C	à la surface : – 235 °C
Distance moyenne au Soleil en unités astronomiques (UA) et en km	0,4 UA (57 millions de km)	0,7 UA (108 millions de km)	1 UA (150 millions de km)	1,5 UA (225 millions de km)	5 UA (750 millions de km)	9,5 UA (1,4 milliard de km)	19 UA (2,9 milliards de km)	30 UA (4,5 milliards de km)	40 UA (6 milliards de km)
Période de révolution	88 jours terrestres	225 jours terrestres	365,26 jours	687 jours terrestres	12 années terrestres	29,5 années terrestres	84 années terrestres	165 années terrestres	248 années terrestres
Période de rotation	59 jours terrestres	243 jours terrestres (dans le sens rétrograde)	24,62 heures terrestres	9,9 jours terrestres	10,7 heures terrestres	10 heures terrestres	17 heures terrestres (dans le sens rétrograde)	16 heures terrestres	6,4 jours terrestres (dans le sens rétrograde)

Plasma
Gaz* dans lequel les électrons* sont libres et ne tournent pas autour du noyau des atomes*. La majeure partie de la matière contenue dans l'espace interstellaire* est présente sous forme de plasma extrêmement dilué et très chaud.

Pluton
Neuvième (et dernière) planète* du Système solaire* dans l'ordre des distances au Soleil*. Découverte par photographie, en 1930, par l'astronome américain Clyde William Tombaugh* (1906-1997), Pluton ne serait en fait pas une planète*, mais le plus gros des corps appartenant à la ceinture de Kuiper*. Voir le tableau récapitulatif au mot planètes*.

Proton
Particule composant le noyau d'un atome*. Noyaux des atomes* d'hydrogène*, les protons ont une charge électrique positive. Les atomes*, neutres, ont un nombre égal de protons et d'électrons*.

Ptolémée (Claude)
Astronome, géographe et mathématicien grec (90 à 168 ap. J.-C.), auteur d'un grand ouvrage récapitulant le travail des astronomes de l'Antiquité et traduit par les astronomes arabes sous le nom d'*Almageste**. Son système restera la référence pendant 14 siècles avant d'être remis en cause par Copernic*.

Pulsar
Étoile à neutrons* très dense et très petite, d'une trentaine de kilomètres de diamètre, tournant sur elle-même à une vitesse vertigineuse. Les pulsars sont comparés à des radiophares cosmiques car ils émettent un rayonnement* rappelant les faisceaux des phares maritimes. Les pulsars sont les restes des cœurs des étoiles supergéantes* ayant explosé en supernovae*.

Q - R

Quasar
Le nom vient de *QUASi stellAR object* (objet très semblable à une étoile*). Il s'agit de noyaux très lumineux de galaxies* très lointaines qu'on a longtemps confondus avec des étoiles*. On explique leur luminosité exceptionnelle par la présence en leur centre de trous noirs* supermassifs (un milliard de fois la masse du Soleil*).

Radioastronomie
Domaine de l'astronomie* qui étudie les ondes* radio émises par les astres* (longueur d'onde* supérieure au rayonnement* infrarouge*).

Rayonnement
Énergie qui se propage dans l'espace* sous la forme d'ondes* ou de particules.

Rayons gamma
Rayonnement* invisible à l'œil nu dont la longueur d'onde* est inférieure à celle des rayons X*.

Rayons X
Rayonnement* invisible à l'œil nu dont la longueur d'onde* est inférieure à celle du rayonnement* ultraviolet* (et supérieure à celle des rayons gamma*).

Relativité générale
Théorie mathématique de la gravitation* énoncée par Albert Einstein* pour expliquer les relations entre l'espace* et les objets qui s'y trouvent. Selon cette théorie, tous les mouvements observés dans l'Univers* sont en fait dus à la déformation de l'espace* qui entoure les astres*. A ce jour, la relativité générale n'a jamais été mise en échec.

Rétrograde (mouvement)
Se dit d'un mouvement dans le sens opposé à celui du mouvement principal. Par exemple, la rotation d'une planète* sur elle-même est dite rétrograde quand elle ne tourne pas dans le même sens que celui de sa révolution autour du Soleil*.

Rœmer (Olaüs)
Astronome danois (1644-1710). En 1675, il prouve que la vitesse de la lumière* n'est pas infinie et en donne une première mesure très voisine de la valeur correcte (300 000 km/s).

S

Satellite artificiel
Engin spatial fabriqué par l'Homme et placé en orbite* autour de la Terre* par une fusée* ou par une navette*. Il existe des satellites d'observation astronomique, de télécommunications, d'observation de la Terre*, de météorologie, militaires, espions, etc.

Satellite naturel
Corps céleste en orbite* autour d'une planète*, retenu par son attraction* gravitationnelle. La Lune* est le seul satellite naturel de la Terre*.

Saturne
Sixième planète* du Système solaire* dans l'ordre des distances au Soleil*. Planète* gazeuse géante, Saturne est caractérisée par son magnifique système d'anneaux bien visible depuis la Terre*.
Voir le tableau récapitulatif au mot planètes*.

Shapley (Harlow)
Astrophysicien américain (1885-1972). Il démontre que le Soleil* n'est pas au centre de notre galaxie*. Il situe ce centre dans la direction de la constellation* du Sagittaire.

Soleil
Étoile*, classée comme naine, autour de laquelle gravitent les planètes* du Système solaire*, des comètes*, des astéroïdes*, etc.

Solide
État de la matière dans lequel les atomes* sont très peu mobiles : une roche, par exemple, est un solide. En chauffant, les solides deviennent liquides*.

Solstice
Moment de l'année où le jour est le plus long (21 ou 22 juin : solstice d'été) et où il est le plus court (21 ou 22 décembre : solstice d'hiver).

Sonde spatiale
Engin lancé par une fusée* ou par une navette* et voyageant dans l'espace* pour une mission d'exploration planétaire.

Spationaute
Voir cosmonaute*.

Spectre lumineux
Décomposition de la lumière* visible allant du violet au rouge en passant par toutes les couleurs de l'arc-en-ciel.

Station spatiale (ou orbitale)
Construction spatiale placée en orbite* autour de la Terre* par l'Homme et servant à la fois de laboratoire, de logement pour des astronautes* et d'étape pour les missions dans l'espace*.

Stellaire
Qui concerne les étoiles*.

Supergéante
Étoile* très massive (une dizaine de masses solaires),

des centaines de fois plus brillante que le Soleil*.

Supernova
Étoile* supergéante* en phase explosive. Sa brillance devient alors, pour une période très courte, des millions de fois plus forte. Les cœurs des supernovae deviennent des étoiles à neutrons* (pulsars*) ou des trous noirs*.

Système solaire
Ensemble de tous les corps célestes en orbite* du Soleil*, captifs de son attraction* gravitationnelle : les neuf planètes* et leurs satellites naturels*, mais aussi les astéroïdes*, les comètes* et les poussières interplanétaires*. Ces corps tournent autour du Soleil* sur des orbites* plus ou moins grandes disposées à peu près toutes dans le même plan, ce qui donne au Système solaire* la forme d'un disque très aplati, avec le Soleil* au centre.

T - U - V

Télescope
Instrument optique à miroirs utilisé pour l'observation des astres*. La lumière* est collectée par un premier miroir concave qui la renvoie, par des jeux de petits miroirs, vers l'œil de l'observateur. Plus le miroir primaire est grand, plus l'image obtenue est lumineuse.

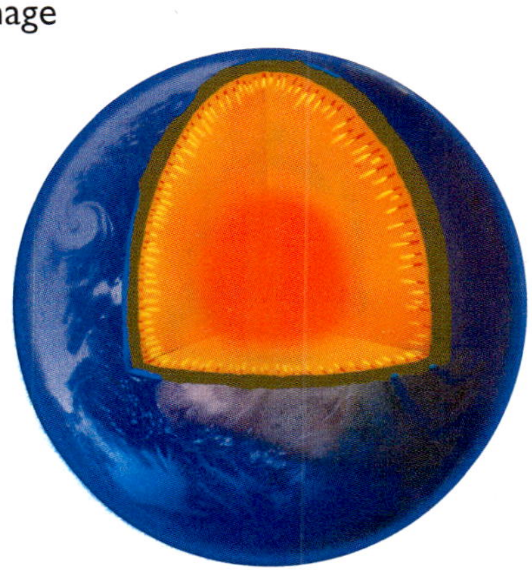

Terre
Troisième planète* du Système solaire* dans l'ordre des distances au Soleil*. La Terre* est toujours la seule planète* connue possédant la vie. Voir le tableau récapitulatif au mot planètes*.

Tombaugh (Clyde William)
Astronome américain (1906-1997). Voir Pluton*.

Trou noir
Stade ultime de l'effondrement sur lui-même d'un cœur de supernova* issu d'une étoile* supergéante* très massive. Les trous noirs sont si denses que la lumière* ne peut s'en échapper et qu'ils absorbent toute la matière qui les entoure.

Ultraviolets
Rayonnement* dont la longueur d'onde* est inférieure à la partie la plus bleue de la lumière* visible et supérieure à celle des rayons X*.

Unité astronomique
Unité de distance utilisée dans le Système solaire*, égale à 150 millions de kilomètres environ (distance moyenne Soleil*-Terre*). Dire, par exemple, que Pluton* se situe à 39,6 unités astronomiques du Soleil*, c'est dire qu'il en est 39,6 fois plus éloigné que la Terre*.

Univers
L'ensemble de ce qui existe, issu d'une explosion colossale (le Big Bang*) survenue il y a 15 milliards d'années environ. Le devenir de l'Univers est une question qui reste ouverte et qui dépend de la densité moyenne de la matière qui la constitue (valeur encore inconnue).

Uranus
Septième planète* du Système solaire* dans l'ordre des distances au Soleil*. Planète* gazeuse, Uranus fut découverte en 1781 par l'astronome anglais William Herschel*. Voir le tableau récapitulatif au mot planètes*.

Vent solaire
Particules énergétiques s'échappant du Soleil* dans toutes les directions et « bombardant » les planètes*. Le champ magnétique terrestre nous protège du vent solaire.

Vénus
Deuxième planète* du Système solaire* dans l'ordre des distances au Soleil*. Planète* de type terrestre, Vénus est également appelée Étoile du Berger*. Voir le tableau récapitulatif au mot planètes*.

Vitesse d'évasion (ou de libération)
C'est la vitesse minimale que doit atteindre un objet pour se dégager de l'attraction* d'un autre corps. Elle est d'autant plus grande que ce corps est massif. Pour se libérer de l'attraction* de la Terre*, par exemple, un engin spatial doit dépasser la vitesse de 40 000 km/h.

Voie lactée
Nom donné à la partie visible de notre galaxie* dans le ciel. Vue de l'intérieur, celle-ci nous apparaît par la tranche sous la forme d'une large bande de couleur laiteuse, barrant la voûte céleste*, et composée de myriades d'étoiles* semblant très rapprochées les unes des autres par un simple effet de perspective.

Volcan
Fracture de la croûte externe d'une planète*, par laquelle s'échappe la matière en fusion venue des couches inférieures. Il existe des volcans sur la Terre*, mais aussi sur Vénus*, Mars*, Io (l'un des satellites* de Jupiter*)... Certains volcans sont inactifs : on dit qu'ils sont éteints ou en sommeil.

Volcanisme
Activité liée aux volcans* qui se traduit, généralement, par des éruptions et des écoulements de lave.

Voûte céleste
Ciel nocturne avec tous les astres* visibles.

Index

Les chiffres marqués en gras renvoient aux pages les plus importantes.

D

E

F

G

H

I

J

K

L

M

N

O

P

Q

R

S

Crédit photographique

Toutes les photos proviennent de l'agence Ciel et Espace,
à l'exception de :
AKG Paris (E. Lessing) : pp. 12-13, 14, 16, 19, 23, 59 et 171 ;
Hoa-Qui : p. 31, p. 55 à gauche (I. et V. Krafft), p. 81 (N. Wu),
p. 161 (A. Wolf) et p. 173 à gauche (M. Ascani) ;
Museum national d'histoire naturelle,
Paléontologie / S. Laroche : p. 55 à droite ;
CERN (Centre d'étude des réactions nucléaires) :
p. 115 en bas et p. 116 ;
Y. Rabbia : p. 126 ;
Observatoire Midi-Pyrénées : p. 131 ;
Cosmos (DLR/ESA science photo library) : p. 135 ;
J.-A. Marck : p. 163 à droite.

Crédit textes

Quatre auteurs ont rédigé les textes :
pp. 14 à 31 : Michel Frœschlé ;
pp. 32 à 83 : Pierre Cruzalèbes ;
pp. 86 à 117 : Patrick de Laverny ;
pp. 120 à 143 : Yves Rabbia ;
pp. 144 à 155 : Pierre Cruzalèbes ;
pp. 158 à 165 : Yves Rabbia ;
pp. 166-167 : Michel Frœschlé ;
pp. 168-169 : Yves Rabbia ;
pp. 170 à 173 : Michel Frœschlé.

Crédit illustrations

Doan Metzger : 

Willis :